高 等 学 校 教 材

化工设备机械基础
课程设计指导书
第三版

蔡纪宁　　魏鹤琳　主编

化学工业出版社

·北京·

本版在第二版的基础上，根据最新的国家标准进行了修订。全书分五章，介绍了课程设计的目的、要求、内容、步骤；化工设备结构特点及图示表达特点；对两种典型的化工设备：塔及夹套反应釜的设计进行了较详细的说明，并附有计算算例。

本书是为高等工科院校化工工艺类及相关专业配合化工设备机械基础课程设计编写的设计指导书。

图书在版编目（CIP）数据

化工设备机械基础课程设计指导书/蔡纪宁，魏鹤琳
主编．—3 版．—北京：化学工业出版社，2019.12
（2024.7重印）
高等学校教材
ISBN 978-7-122-35442-6

Ⅰ.①化… Ⅱ.①蔡…②魏… Ⅲ.①化工设备-课程
设计-高等学校-教学参考资料②化工机械-课程设计-高等
学校-教学参考资料 Ⅳ.①TQ05-41

中国版本图书馆 CIP 数据核字（2019）第 244306 号

责任编辑：丁文璇　　　　　　　　　　　　装帧设计：张　辉
责任校对：杜杏然

出版发行：化学工业出版社（北京市东城区青年湖南街 13 号　邮政编码 100011）
印　　装：河北延风印务有限公司
787mm×1092mm　1/16　印张 11½　插页 4　字数 288 千字　2024 年 7 月北京第 3 版第 6 次印刷

购书咨询：010-64518888　　　　　　　　售后服务：010-64518899
网　　址：http://www.cip.com.cn
凡购买本书，如有缺损质量问题，本社销售中心负责调换。

定　　价：35.00 元

前　言

"化工设备机械基础课程设计"是重要的实践教学环节，是学生理论与实践相结合，培养学生的工程观点以及解决实际问题能力的重要环节，也是教学中的薄弱环节。本指导书的编写，旨在加强对该课程设计的指导。

编者总结了近些年来学生在课程设计中的难点和易出现的错误，吸收了近些年的科技进步和教改经验，对本书进行了系统的梳理，坚持按典型化工设备（搅拌设备和塔设备）设计为主导，按现行最新标准规范指导设计的原则，力求通俗易懂，实用性强，按照设计步骤，给学生以全程同步指导。为方便学生查找资料，本指导书在附录中充实了常用设计资料，所选资料尽可能贯穿了最新的标准。

本指导书可作为高等学校化工工艺类和材料类本科生完成"化工设备机械基础"课程后，进行化工设备课程设计的教材或参考书，也可供化工机械和设备工程技术人员和管理者自学时参考。

本指导书由北京化工大学蔡纪宁、魏鹤琳主编，张莉彦、李慧芳参编。张秋翔对本书的编写提出了很好的建议，并进行了审稿。

限于编者的水平，书中难免有不妥之处，敬请广大读者批评指正。

编者

2019 年 10 月

第一版前言

"化工设备机械基础课程设计"是化工工艺类学生十分重要的教学环节之一。目的是为了使学生进一步加深并综合运用"化工设备机械基础"及相关课程所学过的基本理论、基本知识，训练和掌握典型化工设备机械设计的基本技能。为解决同学们缺乏设计经验，课程设计学时不足等矛盾。使化工工艺类学生在有限的时间内，能顺利地完成以前从未接触过的设计任务，达到事半功倍的效果。

本书力求内容简明扼要，通俗易懂，方便使用。本书重点介绍夹套反应釜设备及塔设备设计的步骤和方法，典型设计计算均配有算例。此外，还选编了化工制图的部分有关规定。

书中收集了部分最新的国家标准、规范，从实用出发，严格精选，供学生课程设计时参考。

本书由蔡纪宁、张秋翔编写，北京化工大学徐鸿教授、郑秀芝教授及陈广异教授对本书进行了审阅。在此表示诚挚的谢意。

本书由于编写的时间仓促，欠妥之处在所难免，殷切期望读者在使用过程中提出批评、建议。

编者

2000 年 2 月

第二版前言

　　本书作为《化工设备机械基础》（第二版）的配套教材，为化工工艺类和材料类学生进行化工设备机械基础课程设计提供帮助，有利于规范课程设计，提高课程设计质量。

　　本教材中所涉及的夹套反应釜和塔设备的设计，均属于压力容器（特种设备之一）设计的范畴，其设计应满足相应的安全技术规范和标准。在化工设备机械基础课程设计教学环节中，学生不仅要掌握典型化工设备机械设计的基本技能，同时要了解相应的安全技术规范和标准，在满足结构合理、计算可靠的同时，满足安全性和经济性。编者根据多年来进行化工设备机械基础课程设计的经验，总结第一版中存在的问题，对教材进行了整理和完善；并根据近年来压力容器的安全技术规范、标准变化更新较大的状况，适时对本教材进行了必要的更新。

　　本书第二版由蔡纪宁和张莉彦主编，李慧芳、魏鹤琳参加编写；张秋翔对本书进行了审阅，在此表示诚挚的谢意。

　　限于编者水平有限，且时间仓促，书中存在不妥之处在所难免，敬请读者提出批评和建议。

编者

2010 年 6 月

目　录

第1章 绪 论

"化工设备机械基础课程设计"（以下简称设备课程设计），是针对高等院校化工工艺类和材料类专业学生学习化工设备的机械设计而设置的；是为配合学生在学习了有关机械课程的基本理论和基本知识后，对基本技能的训练；是培养学生设计能力和解决实际问题能力的重要教学环节。通过设备课程设计，学生可以掌握化工过程典型设备的结构设计和强度计算，并了解机械设计对化工工艺参数的影响。

1.1 设备课程设计的目的

设备课程设计应达到以下目的。

① 培养学生把所学"化工设备机械基础"及其相关课程的理论知识，在设备课程设计中综合地加以运用，把化工工艺条件与化工设备设计有机结合起来，使所学有关机械课程的基本理论和基本知识得以巩固和强化。

② 培养学生对化工设备设计的基本技能以及独立分析问题、解决问题的能力。树立正确的设计思想，掌握化工单元设备设计的基本方法和步骤，为今后设计化工设备及机械打下一定的基础。

③ 培养学生熟悉并综合运用各种有关的设计手册、安全技术规范、标准、图册等设计技术资料；进一步培养学生识图、制图、运算、编写设计说明书等基本技能；完成作为工程技术人员在机械设计方面所必备的设计能力基本训练。

1.2 设备课程设计的要求

为了达到以上目的，对设备课程设计的要求如下。

（1）**树立正确的设计思想** 在设计中要自始至终本着对工程设计负责的态度，从难从严要求，综合考虑经济性、实用性、安全可靠性和先进性，严肃认真地进行设计，高质量地完成设计任务。

（2）**要有积极主动的学习态度和进取精神** 在设备课程设计中遇到问题不敷衍，通过查阅资料和复习有关教科书，通过积极思考，提出个人见解，主动解决问题，注重能力培养。设计中强调独立思考，有创造性的设计。学生在设备课程设计中学会收集、理解、熟悉和使用各种资料，正是培养设计能力的重要方面，也是设计能力强的重要表现。

（3）**学会正确使用标准和规范，使设计有法可依、有章可循** 化工设备设计非常强调标准与规范，这是化工设备的安全性所决定的。当设计与标准、规范相矛盾时，必须经严格计算和验证，直到符合设计要求，否则应优先按标准选用。

（4）**学会正确的设计方法，统筹兼顾，抓主要矛盾** 设计中要注意理论计算结果与实际结构设计相统一。初学的设计者，往往把设计片面地理解为理论上的强度、刚度等的计算，认为这些计算结果不可更改。实际上，对于设备的合理设计，其计算结果只是设计时某方面的依据，设计时还要考虑结构等方面的要求。

在设计中还应注意处理好尺寸的圆整。通常按几何关系计算而得的尺寸，一般不能随意圆整变动；按经验公式得来的尺寸，一般应圆整到标准规格尺寸。对于强度、刚度等计算结果，从设备安全性出发，应向上圆整，但向上圆整的同时，要兼顾到经济性。总之，圆整要适度。

设备设计还要处理好计算与结构设计的关系。要求计算、制图、选型、修改同步进行，但零件的尺寸，以最后图样标注的为准。对尺寸做出修改后，可以根据修改幅度、原强度裕量及计算准确程度等来判断是否有必要再进行强度计算。

1.3　设备课程设计的内容

根据教学大纲要求，学生应在两周时间内，完成一种典型设备的机械设计，内容包括：设备总装配图一张，零部件图一至二张，设计计算说明书一份。

1.4　设备课程设计的步骤

1.4.1　设计准备阶段

① 设计前应预先准备好设计资料、手册、图册、计算绘图工具、图纸和报告纸等；

② 认真研究设计任务书，分析设计题目的原始数据和工艺条件，明确设计要求和设计内容；

③ 设计前应认真复习有关教科书、熟悉有关资料和设计步骤；

④ 有条件的应结合现场参观，熟悉典型设备的结构，比较其优缺点，以便选择出较适当的结构为己所用。没有现场条件的，也要先读懂几张典型设备图。

1.4.2　设计阶段

化工设备的机械设计是在设备的工艺设计结束后进行的。要根据设备的工艺条件（包括工作压力、温度、介质及其特性、结构形式和尺寸、管口方位、标高等），围绕设备内、外附件的选型进行机械结构设计，围绕壁厚的确定进行强度、刚度和稳定性的设计和校核计算。这一步往往通过"边算、边选、边画、边改"的做法来进行，没有一蹴而就的做法。其步骤如下。

（1）全面考虑按压力大小、温度高低和腐蚀性强弱等因素来选材　先按压力因素选材；当温度高于200℃或低于−40℃时，温度就是选材的主要因素；腐蚀强烈或对反应物及物料污染有特定要求的，腐蚀因素又成了选材的重要依据。在综合考虑以上几方面同时，还要考虑材料的加工性能、焊接性能及材料的来源和经济性。

（2）零部件选用　设备内部附件结构类型，如塔板、搅拌器形式，常由工艺设计而定；外部附件结构形式，如法兰、支座、加强圈等，在满足工艺要求条件下，由受力条件、制造、安装等因素决定。

（3）外载荷计算　包括内压、外压、设备自重、零部件的偏载、风载、地震载荷等，常用列表法，分项统计的方法来进行。

（4）强度、刚度、稳定性设计和校核计算　根据结构形式、受力条件和材料的力学性能、耐腐蚀性能等进行强度、刚度和稳定性计算，最后确定出合理的结构尺寸。

（5）**传动设备的选型、计算** 对带有机械传动的设备，部分零部件也大都标准化。可参考本书和有关手册进行选型、计算。

（6）**绘制设备总装配图** 在这一步，初学者常采用"边算、边选、边画、边改"的做法，初步计算后，确定大体结构尺寸，分配图纸幅面，绘出视图底稿，待尺寸最后确定后再完成正式图纸。

（7）**绘制零部件图** 根据总装配图绘制零部件图常称拆图。对于标准零部件，有专门厂家生产的，可以不必拆图，对于具有独立结构的零部件要进行拆图，以便加工制造。

（8）**提出技术要求** 对设备制造、装配、检验和试车等工序提出合理的要求，以文字形式标注在总图上。

1.4.3 设计计算说明书

设计计算说明书是设计的技术文件之一。设计计算说明书是图纸设计的理论依据，是设计计算的整理和总结。其内容大致包括：

① 设计任务书；

② 目录；

③ 设计方案的分析和拟定；

④ 各部分结构尺寸的确定和设计计算；

⑤ 设计小结；

⑥ 参考资料和文献。

设计计算说明书要求计算正确，论述清楚，文字精练，插图简明，装订成册。

1.4.4 答辩

设备课程设计的图样及设计计算说明书全部完成，经指导老师审阅，得到认可后，方能参加答辩。课程设计的成绩要根据学生在设计图样、设计计算说明书和答辩中所反映的设计质量和能力，以及设计过程中的学习态度综合加以评定。

第2章 化工设备结构及其图示表达特点

2.1 化工设备的结构特点

化工设备的种类繁多,按使用场合及其功能分为:储存容器、换热器、塔器和反应器四种,见图 2-1。虽然化工设备的结构、大小、形状各不相同,但有以下共同的特点。

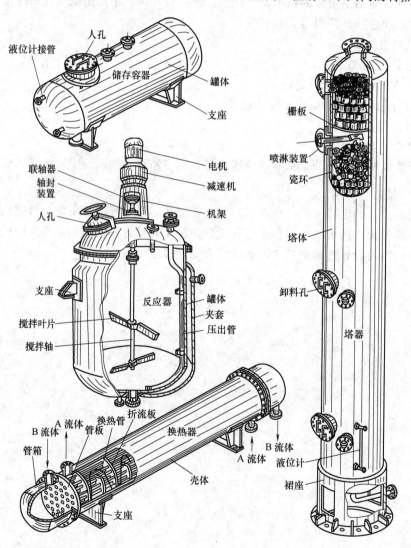

图 2-1 典型化工设备

(1)基本形体多由回转体组成 化工设备多为典型板壳结构的壳体容器。其主体结构常采用圆柱形、椭圆形、球形、圆锥形等回转体。

（2）**尺寸相差悬殊**　化工设备的总体尺寸和局部尺寸相比，往往相差悬殊。特别是塔器，塔高几十米，塔径约几米，而壁厚仅为几毫米或几十毫米。

（3）**设备的开孔和接管口较多**　为满足化工工艺要求，在设备壳体和封头上，往往设有较多的开孔和管口（如物料进出口、仪表接口等），以备安装各种零部件和连接接管。

（4）**大量采用焊接结构**　绝大多数化工设备都是承压设备（内压或外压），除力学上有严格要求外，还有严格的气密性要求，焊接结构是满足这两者的最理想结构。因此，大量采用焊接是化工设备一个突出特点。

（5）**广泛采用标准化、通用化、系列化的零部件**　因为化工设备上的一些零部件具有通用性，所以大都由有关部门制定了标准和尺寸系列。因此在设计中可根据需要直接选用。如设备上的人孔、法兰、封头、液位计等均属标准化零部件。

（6）**对材料有特殊要求**　化工设备的材料除考虑强度、刚度外，还要考虑耐腐蚀、耐高温、耐高压、耐高真空、耐深冷等。因此，材料使用范围广，有特殊要求的，还要考虑使用衬里等方法，以满足各种设备的特殊要求。

（7）**安全结构要求高**　对处理有毒、易燃、易爆介质的化工设备，要求密封性好，安全可靠。因此，除对焊缝进行严格的检查外，对各连接面的密封结构提出了较高要求。

2.2　化工设备的图示表达特点

化工设备图的特点，是由化工设备结构特点决定的。

2.2.1　基本视图灵活配置

因为设备的基本形体多由回转体组成，所以用两个视图就可以表达它的主体结构。卧式设备一般以主、左（右）视图来表达设备的主体结构，而立式设备常用主、俯视图表达其主体结构。有时对特别高大或狭长形体的设备，当视图难以按投影关系配置时，允许将俯（左）视图配置在图样的其他空白处，但必须标注"俯（左）视图"或"×向"等字样。

当设备需较多视图才能表达清楚时，允许将部分视图画在数张图纸上，但主视图及该设备的明细表、技术要求、设计数据表、管口表等内容均应安排在第一张图纸上，同时在每张图样的附注中应说明视图间的关系。

2.2.2　多次旋转的表达方法

在设备的壳体圆周上常装有结构方位不同的管口和零部件，为了在同一视图（主视图）上反映出真实形状和位置，常按机械制图中旋转视图（旋转剖视）的方法，假想地将其经过多次旋转，正好旋转到能在主视图的投影面上反映其真实形状和位置为止，再画下它的视图，这种画法称为多次旋转画法。如图 2-2 中的人孔经过逆时针 45° 旋转，在主视图的投影面上仍不能反映其原形；然后再将人孔本身沿顺时针旋转 90°，这时才能在投影面上反映出原形。管口 D 无论按顺时针还是逆时针旋转，都会出现图形

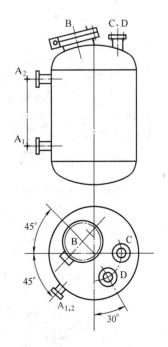

图 2-2　多次旋转的表达

重叠现象，这是不允许的。遇到这种情况，常用局部剖视的方法另行画出。

在化工设备图中采用多次旋转画法，允许不作任何标注，但其周向方位要以俯视图或管口方位图为准。

2.2.3　局部结构的表达方法

由于设备总体尺寸和安装其上的零部件尺寸相差悬殊，按照总体尺寸选定的绘图比例，往往无法将其局部结构表达清楚。所以在化工设备图中，往往较多地运用局部放大图的方法来表达局部结构详情，常称节点图。这种放大图的画法和机械制图中局部放大图的画法及要求相同。

局部放大图常用剖视、剖面法来表达，也可以用一组视图来表达，如图 2-3 中裙座的座圈就用三个视图表达得很清楚。

2.2.4　表格图的表达方法

形状相同、结构简单可用同一图样表示清楚的，一般不超过 10 个不同可变参数的零件，可用表格图绘制。但在图样中必须注明共同不变的参数及文字说明，而可变参数在图样中以字母代号标注，且表格中必须包括件号和每个可变参数的尺寸、数量、质量等。

2.2.5　夸大的表达方法

设备的壁厚、垫片、挡板等零件，因为绘图比例较小，这些小尺寸零件即使采用了局部放大，但仍嫌表达不清晰，可采用不按比例的夸大画法，如设备的壁厚常用双线夸大地画出，剖面线符号可用涂色方法代替。

2.2.6　管口方位的表示方法

管口方位的表示方法常见的有三种。一是管口方位已由化工工艺人员单独画出管口方位图，在设备俯视图上只需注明"管口及支座方位见管口方位图，图号×××—××"等字

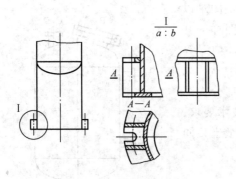

图 2-3　局部结构的表达

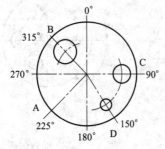

图 2-4　管口方位的表示

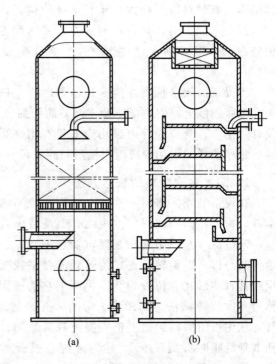

图 2-5　设备假想断开表达方法

样。此时在设备图的俯视图中画出的管口，只表示连接结构，不反映管口真实方位，也不能标注方位（角度）尺寸。二是管口方位已由工艺人员确定，但是没有画出管口方位图，此时可在设备俯（左）视图上表示该设备管口方位，并注出方位尺寸，并在技术说明栏内注明"管口方位以俯（左）视图为准"等字样。三是管口和零部件结构形状已在主视图上或通过其他辅助视图表达清楚的，在设备的俯（左）视图中可以用中心线和符号简化表示管口等结构的方位，如图 2-4 所示。

2.2.7　假想断开、分段（层）的表达方法

对于塔器及类似的化工设备，总体尺寸很大，而沿其轴线方向有相当部分的形状和结构相同，或按一定规律变化，如塔器的填料段或装有塔盘段的结构相同或安装方位是有规律地重复变化。这时可采用双点画线假想断开，把结构相同的部分段省略，简化画出，如图 2-5 所示。这样可合理地利用幅面和选用较大比例绘图。

不适合采用断开画法时，为合理利用幅面和选用合适的比例，也可采用分段的表达方法，把整个塔体分成几段画出，如图 2-6 所示。

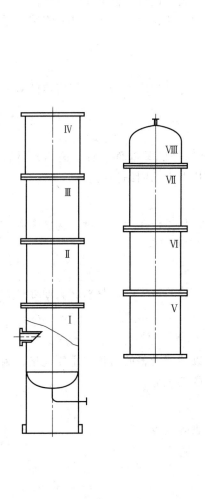

图 2-6　设备分段表达方法

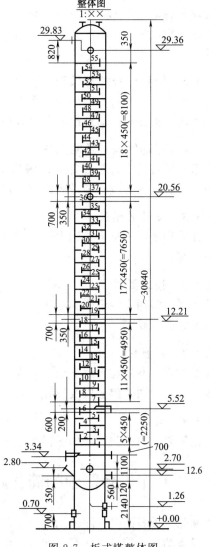

图 2-7　板式塔整体图

2.2.8 设备整体的表达方法

细长和高大的设备采用断开或分段的画法后，往往破坏了整体感，常采用整体简图的画法弥补，如图 2-7 所示。整体图的特点是：制图比例采用缩小程度较大的比例；采用单线简化画法；总体图上应包括的尺寸数据是：设备总高、各管口定位尺寸和标高、人（手）孔的位置、塔板（或其他内件）的总数、板间距、顺序号、塔节数和标高、设备附件的标高位置等。

2.3 化工设备图的主要内容

2.3.1 一组视图

一组视图表达设备的主要结构形状和零部件之间的装配关系。而且这组视图应符合《技术制图》和《机械制图》国家标准的规定。

2.3.2 四类尺寸

为设备制造、装配、安装检验提供的尺寸数据有：表示设备总体大小的总体尺寸；表示规格大小的特性尺寸；表示零部件之间装配关系的装配尺寸；表示设备与外界安装关系的安装尺寸。

2.3.3 管口符号和管口表

设备上的管口都有专门用途，都应注明，常用拼音字母顺序编号。并把管口的有关数据和用途等内容标注在专门列出的管口表中。

2.3.4 零部件编号及明细栏

把组成设备的所有零部件依次编号，并把每一个编号的零部件名称、规格、材料、数量、单重及有关图号或标准号等内容，填写在主标题栏上方的明细栏内。

2.3.5 设计数据表

设计数据表用表格形式列出设备的主要工艺特性，如操作压力、温度、物料名称、设备容积等内容。

2.3.6 技术要求

技术要求常用文字说明的形式，提出设备在制造、检验、安装、材料、表面处理、包装和运输等方面的要求。

2.3.7 标题栏

标题栏常放在图样的右下角，有规定的格式，用以填写设备的名称、主要规格、制图比例、设计单位、图样编号以及设计、制图、校审人员的签字等。

2.3.8 其他

其他需要说明的问题，如图样目录、附注、修改表等内容。

2.4 化工设备图中的简化画法

绘制化工设备图时，除采用《技术制图》和《机械制图》国家标准中规定的画法外，根据化工设备结构的特点，还有一些特殊画法和补充规定。

2.4.1　设备结构允许用单线表示

设备上的某些结构，在已有部件图、零件图、剖视图、局部放大图等能够清楚表示出结构的情况下，装配图中的部分图形均可按比例简化为单线（粗实线）表示。具体规

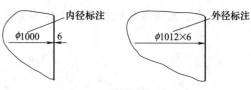

图 2-8　壳体厚度单线图

定详见参考文献［2］。其尺寸标注基准仍按规范，并在图纸"注"中说明。如：法兰定位尺寸以法兰密封面为基准，塔盘标高尺寸以支承圈上表面为基准等。主要规定有以下几点。

① 壳体厚度采用单线表示，如图 2-8 所示。

② 法兰、接管补强圈单线表示，如图 2-9 所示。

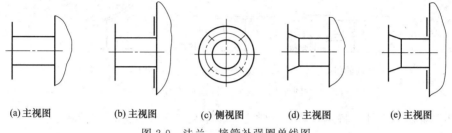

(a)主视图　　(b)主视图　　(c)侧视图　　(d)主视图　　(e)主视图

图 2-9　法兰、接管补强圈单线图

③ 法兰、法兰盖、螺栓、螺母、垫圈单线表示，如图 2-10 所示。

④ 吊耳、环首螺钉、顶丝单线图如图 2-11 所示。

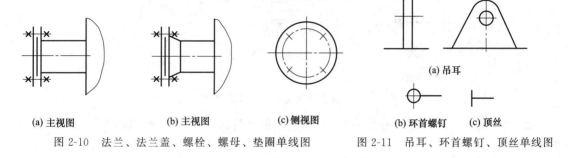

(a) 主视图　　　　　(b) 主视图　　　　(c)侧视图　　　　　　(a) 吊耳

(b) 环首螺钉　　(c) 顶丝

图 2-10　法兰、法兰盖、螺栓、螺母、垫圈单线图　　　图 2-11　吊耳、环首螺钉、顶丝单线图

⑤ 吊柱单线表示如图 2-12 所示。

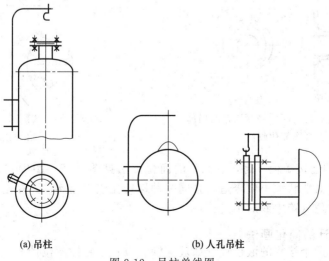

(a) 吊柱　　　　　　　　(b) 人孔吊柱

图 2-12　吊柱单线图

⑥ 支座、接地板单线图如图 2-13 所示。

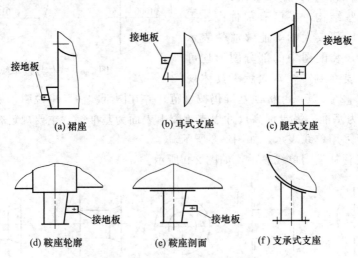

图 2-13　支座、接地板单线图

根据设备课程设计的特点，为训练学生的基本功，不建议采用单线画法。

2.4.2　装配图视图中接管法兰及其连接件的简化画法

① 一般法兰的连接面型式如图 2-14 所示。

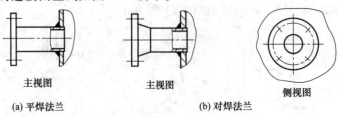

图 2-14　一般法兰的连接面型式的简化画法

② 对于特殊型式的接管法兰（如带有薄衬层的接管法兰），需以局部剖视图表示，如图 2-15 所示。

③ 螺栓孔在图形上用中心线简化表示，如图 2-16 所示。

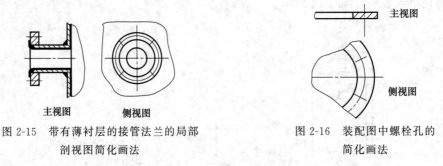

图 2-15　带有薄衬层的接管法兰的局部　　　　图 2-16　装配图中螺栓孔的
　　　　　剖视图简化画法　　　　　　　　　　　　　简化画法

④ 一般法兰的连接螺栓、螺母、垫片的简化画法见图 2-17，图中"×"及"+"符号的线条为粗实线，其形状大小应合适。且同一种螺栓孔或螺栓连接，在俯（侧）视图中至少画两个，以表示方位（跨中或对中）。

2.4.3　液位计的简化画法

装配图中带有两个接管的液位计（如玻璃管、板式、磁性液位计等）的画法，可简化成

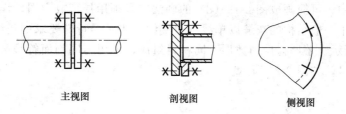

主视图　　　　剖视图　　　　侧视图

图 2-17　装配图中一般法兰的连接螺栓、螺母、垫片的简化画法

如图 2-18（a）的画法，符号"＋"用粗实线画出；带有两组或两组以上接管的液位计的画法，可以按图 2-18（b）的画法，在俯视图上正确表示出液位计的安装方位。

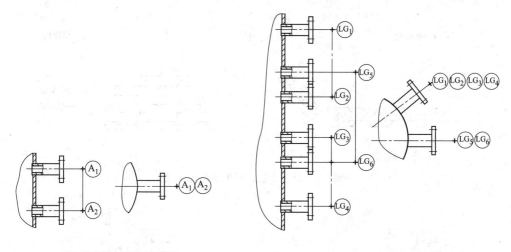

（a）带有两个接管的液位计　　　　　　　（b）带有两组或两组以上接管的液位计

图 2-18　装配图中液位计的简化画法

2.4.4　设备涂层、衬里的简化画法

设备涂层、衬里用剖视表达，但应注意薄涂层、薄衬层、厚涂层和厚衬层的表达有所区别。

（1）薄涂层　薄涂层（如搪瓷、涂漆、喷镀金属及喷涂塑料等）的表示方法：在图样中不编件号，仅在涂层表面侧画与表面平行的粗点画线，并标注涂层内容，见图 2-19（a），详细要求可写入技术要求。

（2）薄衬层　薄衬层（如衬橡胶、衬石棉板、衬聚氯乙烯薄膜、衬铅和衬金属板等）的表示方法见图 2-19（b）。薄衬层厚度约为 1～2mm，在剖视图中用细实线画出，要编件号，当衬层材料相同时，在明细栏中只编一个件号，并在其备注栏内注明厚度和层数。若薄衬层由两层或两层以上相同或不相同材料组成时，仍按图 2-19（b）表示，只画一根细实线表示，不画剖面符号，其层数在明细栏中要注明。当衬层材料不同时，必须用细实线区分层数，分别编出件号，在明细栏的备注栏内注明每种衬层材料的厚度和层数。

（3）厚涂层　厚涂层（如涂各种胶泥、混凝土等）的表示方法，在装配图中的剖视可按图 2-19（c）的方法表示。应编件号，且要注明材料和厚度，在技术说明中还要说明施工要求。必要时用局部放大图详细画出涂层结构尺寸（其中包括增强结合力所需的铁丝网和挂钉等的结构和尺寸），如图 2-20 所示。

（4）厚衬层　厚衬层（如衬耐火砖、耐酸板、辉绿岩板和塑料板等）的表示方法，在装配图的剖视图中，可简画成图 2-19（d）的画法。必须用局部放大图，详细表示厚衬层的结构和尺寸。图中一般结构的灰缝以单线（粗实线）表示，特殊要求的灰缝应用双线表示，如图 2-19（e）所示。若厚衬层由数层不同材料组成，可用不同剖面符号区分开，并在图旁图例说明剖面符号，如图 2-21 所示。

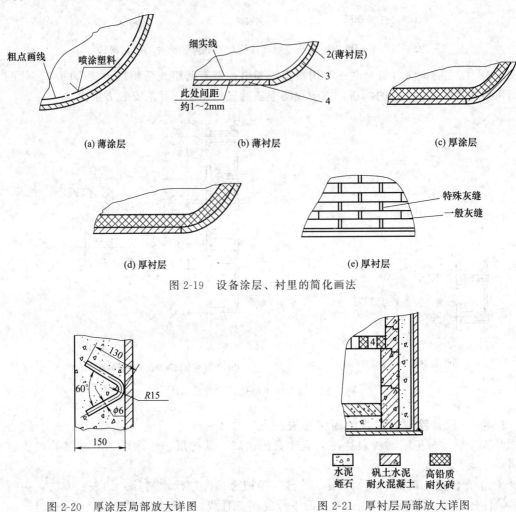

图 2-19　设备涂层、衬里的简化画法

图 2-20　厚涂层局部放大详图　　　　　　图 2-21　厚衬层局部放大详图

2.4.5　剖视图中填料、填充物的画法

设备中装的填充物（如瓷环、木格条、玻璃面、卵石和沙砾等），如果材料、规格、堆

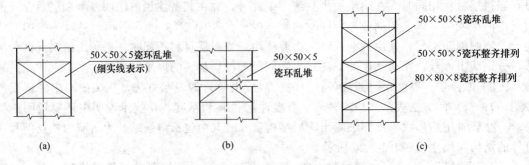

图 2-22　剖视图中填料、填充物的画法

放方法相同时，可用细实线和不同文字简化表示，如图 2-22（a）、（b）所示。若装有不同规格或同一规格不同堆放方法的填充物时，可分层表示，如图 2-22（c）所示。填料箱填料（金属填料或非金属填料）的画法，如图 2-23 所示。

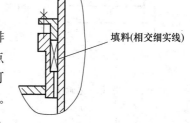

图 2-23 填料箱填料的画法

2.4.6 多孔板孔眼的简化画法

① 换热器中的管板、折流板和塔板上的孔眼按规则排列时，可简化成如图 2-24（a）所示的画法，细实线的交点为孔眼中心，并用粗实线表示钻孔范围线。为表达清楚可将每排孔眼数拉出表示，如图 2-24（a）中 $n_1 \sim n_8$ 所示。必要时也可画出几个孔眼，并注上孔径、孔数和间距尺寸。

图中 "+" 为粗实线，表示管板拉杆螺孔位置。对孔眼和拉杆螺孔的倒角、开槽、排列方式、间距、加工情况等，均需另画局部放大图表示。

② 按同心圆排列的管板、折流板或塔板的孔眼，可简化成如图 2-24（b）所示的画法。

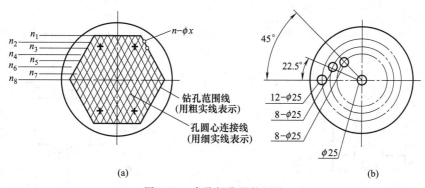

图 2-24 多孔板孔眼的画法

③ 对孔数要求不严的多孔板（如隔板、筛板等），不必画出孔眼，可按图 2-25 的画法和标注表示，对它的孔眼尺寸和排列方法及间距，需用局部放大图表示。

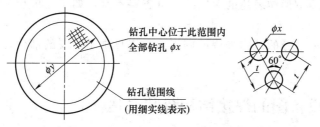

图 2-25 隔板、筛板孔眼的画法

④ 剖视图中多孔板孔眼的轮廓线可不画出，如图 2-26 所示。

图 2-26 剖视图中多孔板孔眼的画法

2.4.7 塔器中的常用简化画法

① 筛板塔、浮阀塔、泡罩塔的塔盘常用单线表示，如图 2-27 所示。塔盘参数当需要时列表表示。筛板、浮阀、泡罩可示意画出，如图 2-28（a）为筛板塔盘，（b）为浮阀塔盘。当浮阀、泡罩较多时，亦可用中心线表示或不表示，如图 2-28（c）所示。

② 塔器中的进料管可简化为图 2-29 所示。梯子的单线图见图 2-30。地脚螺栓座简化的单线图见图 2-31。气囱的单线图见图 2-32。塔底引出管及支撑筋简图见图 2-33。

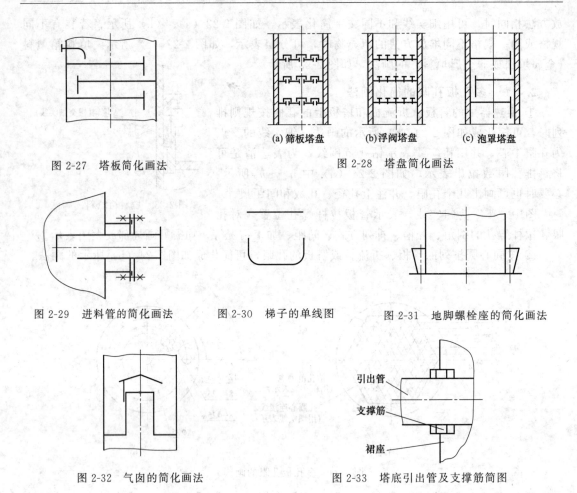

图 2-27　塔板简化画法　　　　　　　　（a）筛板塔盘　　（b)浮阀塔盘　　（c）泡罩塔盘

图 2-28　塔盘简化画法

图 2-29　进料管的简化画法　　　图 2-30　梯子的单线图　　　图 2-31　地脚螺栓座的简化画法

图 2-32　气囱的简化画法　　　　　图 2-33　塔底引出管及支撑筋简图

2.4.8　其他

① 剖视图中不影响形体表达的轮廓线，可省略不画，如多孔板在剖视图中孔眼的轮廓线常被省略。

② 表示设备某一部分的结构采用的剖视，允许只画出需要的部分，而省略一些多余的投影。

2.5　化工设备图的焊接结构及其表达

焊接是一种不可拆卸的连接。它是将待连接的零件，通过在连接处加热熔化金属得到结合的一种加工方法。由于其施工简单、连接可靠、结构重量轻等优点，是化工设备制造中广泛采用的连接方法。

2.5.1　化工设备的焊接结构

化工设备的焊接，对于中低压容器常用电弧焊和气焊方法。其中电弧焊应用得最广，按其操作又分为手工、自动或半自动焊。

焊接接头的结构，按两焊件间相对位置的不同，分为四种：对接接头、搭接接头、角接接头和 T 形接头，如图 2-34 所示。

（1）对接接头　容器的筒节之间、筒体与封头间的组焊等都采用对接接头，如图 2-35

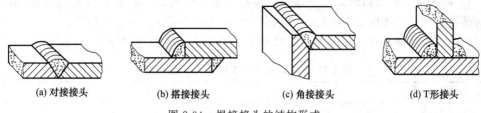

(a) 对接接头　　　　(b) 搭接接头　　　　(c) 角接接头　　　　(d) T形接头

图 2-34　焊接接头的结构形式

（a）所示，这种结构的特点是：施焊容易、焊接质量容易保证；对接两钢板可以是等厚的，也可是不等厚的，当（$S_1 - S_2$）＞3 时必须按图 2-36 示例削薄厚钢板，削薄长度 $L \geqslant 3(S_1 - S_2)$。对接接头的焊接，有单面焊和双面焊之分，双面焊质量容易保证；为保证焊接质量，在无法双面施焊的场合，也常用带垫板的单面焊（图 2-37），焊后拆掉垫板。

　　（2）搭接接头　设备的开孔补强板与筒体的连接、支座垫板与壳体的连接等常用搭接接头形式，如图 2-35（b）所示。

　　（3）角接接头　角接接头常应用于管道和容器与法兰的连接，其结构如图 2-35（c）所示。

　　（4）T形接头　T 形接头也称丁字接头，此种结构常用于塔设备的裙座与基础环的焊接、鞍座筋板的连接等，如图 2-35（d）所示。

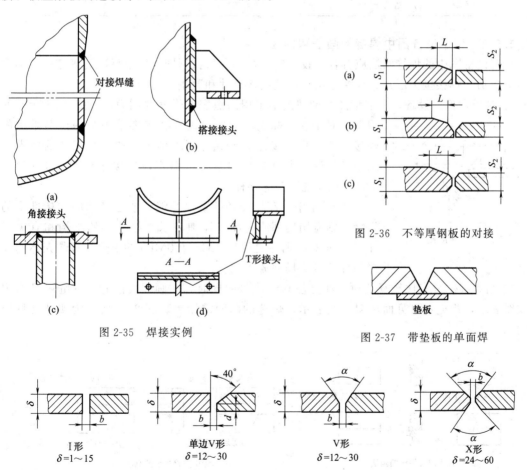

图 2-35　焊接实例

图 2-36　不等厚钢板的对接

图 2-37　带垫板的单面焊

图 2-38　焊接接头的坡口形式

（5）焊接接头的坡口形式 为保证焊接接头容易焊透，焊接接头处常据厚度不同，开有不同形式的坡口，如图 2-38 所示。其中 V 形坡口在对接接头中采用最多。

坡口形式的选择非常重要。常用对接接头坡口形式和适用范围如表 2-1 所示。

表 2-1　常用对接接头坡口形式和适用范围

焊接接头坡口形式			适　用　范　围
不开坡口单面焊			手工焊适用于厚度 $\delta \leqslant 3mm$；自动焊适用于厚度 $\delta = 3 \sim 10mm$
不开坡口双面焊			手工焊适用于厚度 $\delta \leqslant 6mm$；自动焊适用于厚度 $\delta = 6 \sim 16mm$ 要求不太高的筒体纵、环焊缝
V 形坡口	单面焊	不带垫板	手工焊适用于厚度 $\delta = 6 \sim 26mm$；自动焊适用于厚度 $\delta = 16 \sim 20mm$ 中低压容器纵、环焊缝及平板焊接等
		带垫板	手工焊适用于厚度 $\delta = 6 \sim 30mm$、$D_i < 500mm$ 的筒体环焊缝；自动焊适用于厚度 $\delta = 8 \sim 16mm$，$D_i < 1200mm$ 的筒体环焊缝
	双面焊		手工焊适用于厚度 $\delta = 6 \sim 30mm$；自动焊适用于厚度 $\delta = 16 \sim 20mm$ 中高压容器纵、环焊缝
X 形坡口	对称双面焊		适用于厚板对接，厚壁筒体纵缝
	不对称双面焊		适用于大型厚壁筒体环缝
U 形坡口	单面焊		适用于厚度 $\delta = 20 \sim 50mm$ 的高压容器纵缝
	双面焊		适用于厚度 $\delta = 40 \sim 60mm$ 的高压容器纵缝

2.5.2　化工设备图中焊缝的画法和标注

化工设备图中的焊缝画法应符合《技术制图》和《机械制图》国家标准的规定；其标注内容应包括：焊接接头形式、焊接方法、焊缝结构尺寸和数量等内容。

① 对于常低压设备，在装配图的剖视图中采用涂黑表示焊缝的剖面，如图 2-35 所示的

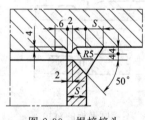

图 2-39　焊接接头
局部放大图

焊缝。对于它的标注，一般只需在技术要求中统一说明采用的焊接方法以及焊接接头形式等要求即可。如在装配图的技术要求中常标注"本设备采用手工电弧焊，焊接接头形式按 GB/T 985—2008 规定"等字样。

② 对于中、高压设备的重要焊缝，或是特殊的非标准型的焊缝，则需用局部放大图，详细表示焊接接头的结构和有关尺寸，如图 2-39 所示是受压 $1.6 \sim 4.0MPa$ 的换热管板与壳体的连接的焊接接头局部放大图。

③ 当焊缝的分布比较复杂时，在标注焊缝代号的同时，在画焊接图时，焊缝可见面用波纹线表示，焊缝不可见面用粗实线表示；焊缝的断面需涂黑。图 2-40 所示为四种常见焊缝的画法。

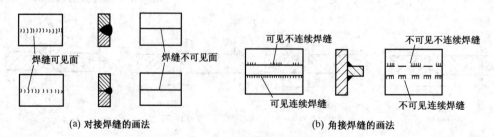

(a) 对接焊缝的画法　　　　　　(b) 角接焊缝的画法

图 2-40　焊缝的图示方法

当设备中某些焊缝结构的要求和尺寸，未能包括在统一说明中，或有特殊需要必须单独注明时，可在相应的焊缝结构处，注出焊缝代号或接头文字代号。

焊缝代号及焊接接头文字代号的详细规定可参阅附录 C 或参考文献 [2]。

在化工设备图上，除要求说明焊缝结构和焊接方法外，还要对采用的焊条型号、焊缝的检验等作出说明，这些都以文字的形式写在技术要求中。容器的焊接技术条件按国家标准 GB/T 150 执行；焊接坡口的基本形式及尺寸按国家标准 GB/T 985 和 HG/T 20583；焊接规程按 NB/T 47015。另外国家有关部门还制定了一些相应设备的技术规程等，这都是作设备设计时必须遵守的。

2.6　容器焊接接头设计原则及焊条的选择

2.6.1　焊接接头设计原则

在保证焊接质量的前提下，接头设计应遵循以下原则：

① 焊缝填充金属应尽量少；

② 焊接工作量应尽量少，且操作方便；

③ 合理选择坡口角度、钝边高、根部间隙等结构尺寸，使之有利于坡口加工及焊透，以减少各种焊接缺陷（如裂纹、未融合、变形等）产生的可能；

④ 有利于施焊防护（即尽量改善劳动条件）；

⑤ 复合钢板的坡口应有利于降低过渡层焊缝金属的稀释率，应尽量减少复合层的焊接量；

⑥ 按等强度要求，焊条或焊丝强度应不低于母材强度；

⑦ 焊缝外形应尽量连续、圆滑，减少应力集中。

2.6.2　焊接接头结构及位置设计

对接焊缝的力学条件最佳，因此要优先采用，如图 2-41 所示的由角接变对接的结构。对重要的承压件，要采用全焊透结构，特别注意坡口的形式选用；接头处母材要平缓过渡，当两件厚差大于 4mm 时，要削成等壁厚施焊。

焊缝不宜密集，尽可能避免交叉，这样可避免焊接的应力重叠，一般焊缝间距 e 不小于 100mm。如图 2-42 所示的筒节对接时，纵向焊缝间应错开不小于三倍板厚且不小于 100mm 的距离。

焊缝要避开高应力区，不应在受压容器的焊缝上开孔，或在焊缝区重复施焊；拼接钢板制成的凸形封头如图 2-43 所示，焊缝的位置应避开过渡区。

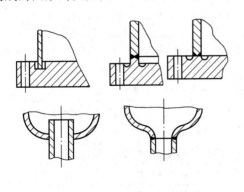

图 2-41　焊接接头的结构设计

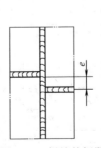

图 2-42　焊缝的间距

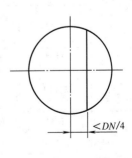

图 2-43　封头的拼接

焊缝部位尽量敞开,使焊缝有良好的可达性,如图 2-44 中(b)结构就优于(a)结构。

焊缝底部往往强度较弱,当焊缝处于受弯时,对如图 2-45 所示的单边焊,应使底面处于受压侧。

设计重要的焊接接头时,应考虑焊后便于探伤。

应使焊接接头具有一定的刚度,如图 2-46 中(a)结构优于(b)结构。

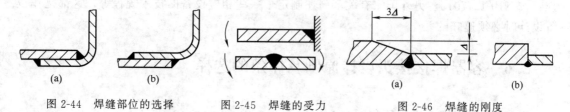

图 2-44 焊缝部位的选择 　　图 2-45 焊缝的受力 　　图 2-46 焊缝的刚度

2.6.3 焊接材料的选择

焊接材料是指焊接时所消耗材料的通称,例如手工电弧焊的焊条;埋弧自动焊的焊丝、焊剂等。以手工电弧焊的焊条为例,其种类很多,国家和生产厂家都制定了标准的型号或牌号,分别适用于不同的钢种。常用的低碳钢、低合金钢推荐选用的焊条见表 2-2,奥氏体不锈钢推荐选用的焊条见表 2-3。

表 2-2 低碳钢、低合金钢推荐选用焊条 (摘自 HG/T 20581—2011)

钢 号	焊条牌号	符合国标型号	相近标准型号	用 途
Q245R	J427 J426	E4315 E4316		低氢碱性焊条,焊缝金属抗拉强度≥420MPa
	J420G	E4300		碳钢管道等全位置打底专用焊条,具有良好背面成形性能,抗气孔性好
	J427Ni	E4315		低氢碱性焊条,含有一定量镍,药皮含水量及熔敷金属扩散氢含量低,因此低温韧性良好
16Mn Q345R 20MnMo 16MnDR	J507	E5015		低氢碱性焊条,焊缝金属抗拉强度≥490MPa
	J507R		E5015-G	低氢碱性焊条,焊后消除应力热处理后,熔敷金属抗拉强度≥490MPa
	J507NiTiB		E5015-G	超低氢焊条,−40℃低温韧性良好,抗裂性好
	J507RH	E5016-G		
	J506D	E5015 E5016		低氢碱性焊条,全位置打底焊专用,具有良好背面成形,抗气孔及夹渣性能良好
20MnMo Q370R	J557	E5015-G		低氢碱性焊条,熔敷金属抗拉强度≥550MPa
	J557RH	E5515-G		抗裂性比 J557 显著改善,用于厚壁、现场焊接等场合
13MnNiMoR 18MnMoNbR 20MnMoNb	J607	E6015-D1		低氢碱性焊条,熔敷金属抗拉强度≥590MPa
	J607Ni		E6015-G	低氢碱性焊条,低温韧性及抗裂纹性能比 J607 好
	J607RH	E6015-G		超低氢碱性焊条,具有良好的低温韧性和抗裂性能

续表

钢号	焊条牌号	符合国标型号	相近标准型号	用　途
12AlMoV	J507Mo		E5015-G	低氢焊条,高温抗 S 及 H_2S 腐蚀用 12AlMoV 钢专用焊条
10MoWVNb	J507MW		E5015-G	低氢焊条,高温高压抗氢及氢、氮、氨腐蚀用 10MoWVNb 钢专用焊条

注:E4300、E4315、E5015、E5016 为 GB/T 5117 所列型号;E5015-G、E5515-G、E6015-D1、E6015-G 为 GB/T 5118 所列型号。符合上述国标型号的焊条应按相应国家标准验收。

表 2-3　奥氏体不锈钢推荐选用焊条(摘自 HG/T 20581—2011)

钢号	焊条牌号	国标型号	钢号	焊条牌号	国标型号
S30408 06Cr19Ni10	A102 A107	E308-16 E308-15	S31683 022Cr18Ni14Mo2Cu2	A032	E317MoCuL-16
S30403 022Cr19Ni10	A002 A002A	E308L-16	S31708 06Cr19Ni13Mo3	A242	E317-16
S32168 06Cr18Ni11Ti	A132 A137	E347-16 E347-15	S31703 022Cr19Ni13Mo3	—	E317L-16
S31608 06Cr18Ni12Mo2	A202	E316-16	S31008 06Cr25Ni20	A402	E310-16
S31603 022Cr17Ni12Mo2	A022	E316L-16	S31688 06Cr18Ni12Mo2Cu2	A222	E317MoCu-16

注:表中焊条牌号均为符合 GB/T 983 相应型号的焊条。

第3章 化工设备装配图和零部件图的绘制

设备课程设计的成果是一套图样（包括装配图和零部件图）和一份设计计算说明书。而绘制装配图是化工设备机械设计的核心内容，因此应把重点放在装配图的绘制上。

3.1 化工设备图的基本规定

化工设备施工图图样的一般规定除应符合《技术制图》国家标准的有关规定外，还应参照 HG/T 20668《化工设备文件编制规定》。

3.1.1 图纸幅面及格式

施工图的幅面及格式按 GB/T 14689《技术制图　图纸幅面及格式》的规定，参见表3-1。

表3-1　图纸幅面尺寸

幅面代号	$B \times L$	c	a	幅面代号	$B \times L$
	基本幅面			加长幅面	
	第一选择			第二、三选择	
A0	841×1189	10	25	A1×3	841×1783
A1	594×841	10	25	A1×4	841×2378
A2	420×594		25	A2×3	594×1261
A3	297×420	5		A2×4	594×1682
A4	210×297	5		A2×5	594×2102

3.1.2 图样的比例

施工图图样的比例应符合 GB/T 14690 的规定，详见表3-2。

表3-2　绘图比例

种类	优先选用比例	必要时选用比例	
原值比例	1:1		
放大比例	5:1　　2:1　　5×10^n:1　 2×10^n:1　　1×10^n:1	4:1　　2.5:1 4×10^n:1　　2.5×10^n:1	注:n 为正整数
缩小比例	1:2　1:5　1:10 $1:2 \times 10^n$　$1:5 \times 10^n$ $1:1 \times 10^n$	1:1.5　1:2.5　　1:3　　1:4　　1:6 $1:1.5 \times 10^n$　　$1:2.5 \times 10^n$　　$1:3 \times 10^n$ $1:4 \times 10^n$　　$1:6 \times 10^n$	

3.1.3 文字、符号、代号及其尺寸

图样中字体应符合 GB/T 14691 的规定，优先采用下列字体。

① 文字、汉字为仿宋体，拉丁字母（英文字母）为 B 型直体。

② 阿拉伯数字为 B 型直体 1，2，3，…

③ 放大图序号用罗马数字Ⅰ，Ⅱ，Ⅲ，…

④ 标题放大图用汉字表示。如吊耳焊接详图。

⑤ 剖视图、向视图符号以大写英文字母表示，如 A 向，$B—B$ 等。

⑥ 焊缝序号为阿拉伯数字。

⑦ 焊缝符号及代号按国标或行业标准。

⑧ 管口符号以大写英文字母 A、B、C，…表示。常用管口符号推荐按表 3-3 标注。规格、用途及连接面型式不同的管口，均应单独编写管口符号；完全相同的管口，则应编写同一符号，但应在符号的右下角按数量加阿拉伯数字角标，以示区别，如 $TI_{1\sim2}$，LG_1、LG_2 等。

表 3-3 常用管口符号的表示

管口名称或用途	管口符号	管口名称或用途	管口符号	管口名称或用途	管口符号
手孔	H	人孔	M	安全阀接口	SV
液位计口(现场)	LG	压力计口	PI	温度计口	TE
液位开关口	LS	压力变送器口	PT	温度计口(现场)	TI
液位变送器口	LT	在线分析口	QE	裙座排气口	VS

图样中文字、符号、代号的字体应符合 GB/T 14691 的规定。常用字体尺寸如表 3-4 所示。表中字体尺寸（字号）均为字体的高度（mm）。字体高度的公称尺寸系列为：1.8mm，2.5mm，3.5mm，5mm，7mm，10mm，14mm，20mm。字体高度一般约按 $\sqrt{2}$ 的比例递增。字体高度代表字体的号数。字体的宽度一般约按 $h/\sqrt{2}$，计算机绘图字体的宽度比统一取 0.7。

表 3-4 图样中字体的尺寸 mm

项　　目		字体尺寸	项　　目	字体尺寸
文字		3.5	视图代号(大写英文字母)	5
数字	件号数字	5	焊缝代号、符号、数字	3
	其他数字	3	管口符号	5
放大图序号		5	计算书文字、数字	3.5
焊缝放大图序号	在装配图中	5	图纸目录文字及数字	3.5
	在视图中	3	说明书的文字及数字	3.5
放大图标题汉字		5	标题栏、签署栏和明细栏中文字数字	3

施工图中公差、指数、注脚等上、下标数字及字母，一般应采用小一号的字体。计算机绘图打印出的字体大小与标准尺寸不完全一致时，可取与标准规定最相近的规格尺寸。

施工图中计量单位为 SI 制。

3.1.4 图线及剖面符号

图线应符合 GB/T 17450 规定；剖面符号应符合 GB/T 17453 规定。

3.2 化工设备装配图的绘制

3.2.1 布图

（1）**幅面大小的确定** 装配图幅面大小的选择根据视图数量、尺寸配置、明细栏大小、技术要求等内容所占范围，并照顾到布图均匀美观、比例选择合理等因素来确定。

幅面大小的确定，优先选用表 3-1 中第一选择 A1 基本幅面，加长加宽幅面尽量不用。必要时允许选用第二、第三选择的加长幅面。加长幅面的图框尺寸，按所选用的基本幅面大一号的图框尺寸确定，例如 A2×3 的图框尺寸，按 A1 的图框尺寸确定。

（2）绘图比例的选择　装配图绘图比例的选取按表 3-2。同一张图上，如果有些视图（如局部视图等）与基本视图的比例不同时，必须注明该视图采用的比例，标注的格式是在视图名称的下方注出，如 $\dfrac{I}{1:5}$、$\dfrac{A-A}{1:10}$ 的字样，若图形没按比例，可在标注比例的地方写上"不按比例"字样。

（3）图面安排　装配图的图面安排如图 3-1 所示。视图布置在图纸幅面中间偏左；右侧上方依次排列设计数据表、技术要求和管口表；右侧自下而上排列标题栏、签署栏、质量栏、明细栏；图纸目录栏布置在标题栏左侧。当明细表位置不够时，可在图纸目录栏上方自下而上排列。

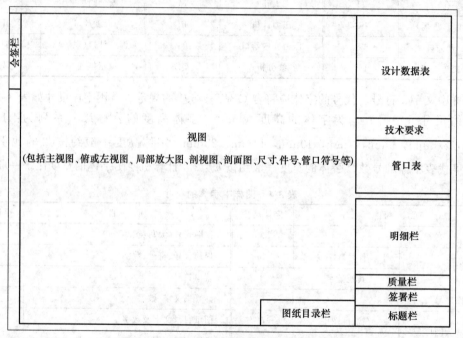

图 3-1　装配图基本格式

图面布置充实、均匀，主要视图（包括主视图、俯视图和左视图）放置在左上方的图面主要位置，局部放大图、向视图、剖视图等节点图按顺序依次安排在主要视图的下方或右侧。当节点图较多，一张装配图布置过满时，可采用两张装配图，但主要视图应布置在第一张装配图中。

（4）基本视图的布置　首先是主视图的选择，一般是按设备工作位置，以最能表达各零部件装配关系、设备工作原理及零部件的主要结构形状的视图为主视图。主视图常用全剖并用多次旋转剖的画法，将管口等零部件的轴向位置及装配关系表达出来。

主视图选定后，再合理配置俯（左）视图，以补充表达对于设备主要装配关系、结构特征等内容在主视图上没有表达清楚的地方。在俯（左）视图上，常用来表达管口及支座等有关零部件在设备周向的方位。如卧式设备，图纸常采用水平放置，视图多采用主、左视图；立式设备，图纸可采用竖直放置，视图多采用主、俯视图。当设备较长时，可将俯（左）视图作为与主视图比例一致的向视图，单独放置在图纸显著位置。

（5）辅助视图及表达方法　除基本视图外，对于化工设备上的主要零部件连接、接管和法兰的焊缝结构以及尺寸过小的结构等无法用基本视图表达清楚的地方，常采用局部放大图、向视图、剖视图等辅助视图（常称节点图）表达。

3.2.2　绘图

绘制图样时一般按照：先画主视图，后画俯（左）视图；先画主体，后画附件；先画外件，后画内件；先定位置，后画形状的原则进行。当某些零部件在主视图上的投影取决于它在俯（左）视图上位置时，主、俯（左）视图要同时绘制。初步完成基本视图的作图后，再绘制局部放大图等辅助视图，并画剖面、焊缝符号等。

图样画法一般应符合 GB/T 17451 的规定。视图选择通常按下列原则。

① 在明确表示物体的前提下，使视图（包括向视图、剖视图等）的数量为最少。

② 避免使用虚线表示物体的轮廓及棱线。

③ 避免不必要的重复。

④ 对结构简单，而尺寸、图形及其他资料已在部件图上表示清楚，不需机械加工（焊缝坡口及少量钻孔等加工除外）的铆焊件、浇注件、胶合件等，可不单独绘制零件图。

⑤ 尺寸符合标准的螺栓、螺母、垫圈、法兰等连接零件，但材料与标准不同时，可不单独绘制零件图。但需在明细栏中注明规格和材料，并在备注栏内注明"尺寸按×××标准"字样。此时，明细栏中"图号或标准号"一栏不标注标准号。

⑥ 两个相互对称、方向相反的零件一般应分别绘出图样。但两个简单的对称零件，在不致造成施工错误的情况下，可以只画出其中一个。但每件应标以不同的件号，并在图样中予以说明。如"本图样系表示件号×，而件号×与件号×左右（或上下）对称"。

⑦ 形状相同、结构简单可用同一图样表示清楚的，一般不超过 10 个不同可变参数的零件，可用表格图绘制。对共同不变的参数在图样中注明，对可变参数在图样中以字母代号标注，并在表格中按件号标明每个可变参数的尺寸、数量、质量等。

3.2.3　标注尺寸

3.2.3.1　尺寸类型

化工设备图上需标注的尺寸如图 3-2 所示，有以下几类。

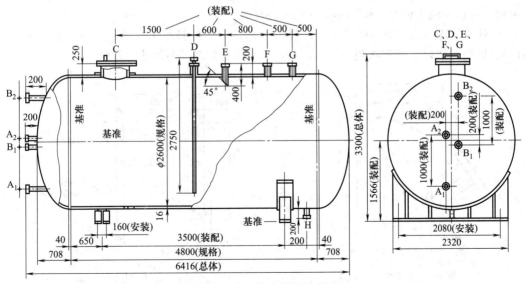

图 3-2　化工设备图尺寸标注

（1）**特性尺寸**　反映设备主要性能、规格的尺寸。如表示设备容积大小的内径和筒体的长度。

（2）**装配尺寸**　表示各零部件间装配关系和相对位置的尺寸。如各管口伸出长度，在总装配图上的各零部件方位尺寸等。

（3）**安装尺寸**　设备整体与外部发生关系的尺寸，用以表明设备安装在基础上和其他构件上所需的尺寸。如支座上地脚螺栓孔的中心距及孔径尺寸。

（4）**外形尺寸**　外形尺寸也叫总体尺寸。用以表示设备所占空间的：长×宽×高。

（5）**其他尺寸**　主要有以下几点。

① 零部件的主要规格尺寸。如，接管尺寸"$\phi 32 \times 3.5$"等。

② 不再另行绘图的零部件的结构尺寸或某些重要尺寸。

③ 设计计算确定的尺寸。如，筒体、封头壁厚，搅拌桨直径，搅拌轴径大小，封头上的开孔等尺寸。

④ 焊缝的结构形式尺寸，一些重要的焊缝，在其局部放大图中，应标注横截面的形状尺寸。

3.2.3.2　尺寸基准

尺寸基准选用的原则：既要保证设备在制造和安装时达到设计要求，又要便于测量和检验。常用尺寸基准有四种：

① 设备筒体和封头的中心线；

② 设备筒体和封头连接的环焊缝；

③ 法兰的连接面；

④ 设备支座、裙座的底平面。

3.2.3.3　典型结构的尺寸标注

① 筒体尺寸一般标注内径（若用管材作筒体，则标注外径）、壁厚和高（或长）。

② 封头尺寸通常标注壁厚和封头高（包括直边高在内）。

③ 管口尺寸通常标注管口直径和壁厚。如果管口的接管为无缝管则需标注外径与壁厚。若接管为卷焊钢管时，则标公称直径 DN（或内径）和壁厚。

管口在设备上伸出的长度要标注管法兰密封面到接管中心线与相接壳体外表面交点间的距离，如图 3-3 所示。如果设备上所有管口伸出长相等时，除在图中注出不等者的尺寸外，其余相等者在附注中说明即可，不必在图上注出。

④ 对于设备中填充物如瓷环、浮球等尺寸标注，一般只注出总体尺寸（筒内径和堆放高度）、堆放方法以及填充物规格尺寸，如图 3-4 所示为瓷环的尺寸标注法。

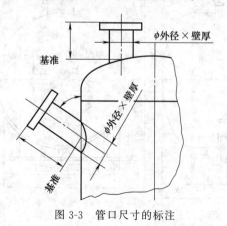

图 3-3　管口尺寸的标注

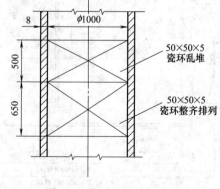

图 3-4　瓷环的尺寸标注法

⑤ 当个别尺寸数字与作图比例不符，且易引起错觉时，应在该尺寸数字的下方画一细实线，以示区别。

⑥ 尺寸的标注顺序应按特性尺寸、装配尺寸、安装尺寸、其他必要尺寸、总体尺寸的顺序标注，对每类尺寸要先分清它有几个尺寸后再标注，才能达到使标注的尺寸不多不少。

3.2.3.4　焊缝代号的标注

对化工设备图上的焊缝，除了按需要在视图中画出接头图形外，还要注出焊缝代号，以表明焊接接头形式、结构尺寸等。一般对于常低压设备，在视图中可只画它的焊接接头形式，在技术要求中用文字说明焊接接头形式、结构等，不必逐一标注焊缝代号。

3.2.4　零件的件号和明细栏

在装配图或部件图中，应按规定依次编写零、部件的序号，即件号。件号编排方法通常按下列原则。

① 直接组成设备的所有零部件（包括薄衬层、厚衬层、厚涂层）和外购件，不论有无零部件图，均需编写件号。

② 设备中结构、形状、材料和尺寸完全相同的零部件，不论数量多少，装配位置不同，均编成同一件号，且只标注一次。

③ 对于互相可替换的零件要采用同一编号时，可在右下角标注角标，以示区别。

④ 组成一个部件的零件，在部件图编号时，件号由两部分组成，中间用细实线隔开。如：18-6，其中 18 表示在装配图上的部件号，6 表示部件中的零件件号。

⑤ 件号编写应符合 GB/T 4458.2 的规定；件号字体大小应稍大于尺寸数字。

⑥ 件号应尽量排在主视图上，由主视图左下角开始，沿顺时针方向连续编号，在垂直和水平方向应整齐排列，并尽量不与尺寸线交叉。

⑦ 件号编排若有遗漏或需增添时，则应编排在外圈，不应混在正常编号的序列中。

明细栏分 2 种，如图 3-5 所示。明细栏 I 用于装配图和部件图，在装配图中，其位于标题栏和质量栏的上方；在部件图中，其位于明细栏 II 的上方。明细栏 II 用于多图样组成的零

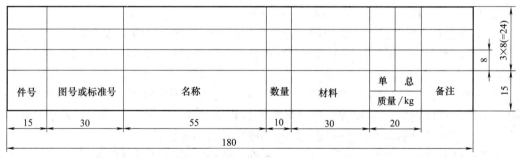

(a) 明细栏 I (用于装配图和部件图)

(b) 明细栏 II (用于零部件图)

图 3-5　明细栏

件图或部件图，其位于标题栏的上方或零部件图的右下角。明细栏的零部件序号应与装配图和部件图中的零部件序号一致，并由下向上顺序填写。当件号较多，明细栏位置不够时，可在其左侧顺序排列。明细栏边框为粗线，其余为细线。其举例和字号大小如图 3-6 所示。

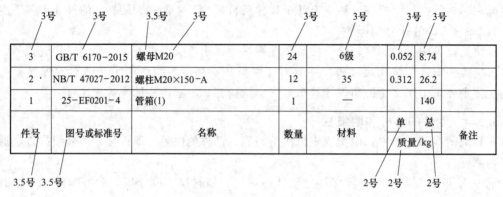

3	GB/T 6170—2015	螺母M20	24	6级	0.052	8.74	
2	NB/T 47027—2012	螺柱M20×150-A	12	35	0.312	26.2	
1	25-EF0201-4	管箱(1)	1	—		140	
件号	图号或标准号	名称	数量	材料	单 质量/kg	总 质量/kg	备注

图 3-6　明细栏填写示例

明细栏的内容参照以下说明按栏填写。

（1）件号栏　与图形中件号一致，自下而上按顺序逐一填写。

（2）图号或标准号栏　填写零、部件图的图号，不绘图样的零件，此栏不填。如是标准件，则填写标准零、部件标准号（当材料不同于标准件的零件时，此栏不填，在备注栏中填尺寸按"标准号"）。

（3）名称栏　填写零、部件或标准件、外购件的名称。名称应尽可能简短，并采用标准或公认的术语，例如管板、筒体、人孔等。

标准零、部件按标准规定的标注方法填写。如"填料箱 $PN0.6$　$DN70$"；"封头 $EHA1000×10$"等字样。

外购件常按有关部门规定的名称填写，或按商品规格填写，如减速机 BLD4-4-23-F。不绘图的零件，在名称后应列出规格和实际尺寸，如"筒体 $DN1000×10$　$H=2000$（指以内径标注时）"；"接管 $\phi57×4$　$L=160$"等字样。

（4）数量栏　填写设备中属于同一件号的零、部件及外购件的全部件数。

对于填充物以立方米计，对于大面积衬里材料（如橡胶板、石棉板、金属网等）以平方米计。

（5）材料栏　应按国家标准和部颁标准规定填写零件的材料代号或名称。对于国内某生产厂的材料或国外的标准材料，应同时标出材料的名称和代号。必要时，需在"技术要求"中作一些补充说明。无标准规定的材料，应按材料的习惯名称标出。

对于部件此栏填写"组合件"字样。外购件，此栏可不填（用斜细实线表示），当对需注明材料的外购件，此栏仍需填写。

（6）重量栏　分单重和总重填写，应准确到小数点后一位。若重量小于准确度的零件，重量可不填。

（7）备注栏　仅填写必要的说明，如填"外购""尺寸按××××-××标准""现场配制"等字样。

3.2.5　管口符号和管口表

根据化工设备设计条件，在装配图所有视图中，均应按规定依次编写管口序号。同一管口在各视图中的管口符号要一一对应，并与管口表中符号一致。管口符号的编排参考表

3-3，并符合以下规定。

① 规格、用途及连接面型式不同的管口，均应单独编写管口符号；规格、用途及连接面型式完全相同的管口，则应编同一符号，但应在符号的右下角加阿拉伯数字角标，以示区别。

② 管口符号的编写顺序，应从主视图的左下方开始，按顺时针方向依次编写。其他视图上的管口符号则应根据主视图中对应的符号进行填写。

③ 管口符号应注写在各视图中管口中心线的延长线上或管口的投影旁。

装配图中的管口表一般位于设计数据表下方，其内容、格式及尺寸如图 3-7。管口表的边框线为粗线，其余均为细线。根据管口数量，表中 n 按需确定。管口表的内容参考以下要求填写。

（1）符号栏 管口符号由上至下按英文字母顺序填写，当管口规格、连接标准、用途完全相同时，可合并为一项填写如 $F_{1\sim3}$。

（2）公称尺寸栏 按接管公称直径填写，无公称直径时，按实际内径填写（矩形孔填"长×宽"，椭圆孔填"椭长轴×短轴"）。带衬管的接管，按衬管的实际内容填写，带薄衬里的钢接管，按钢接管的公称直径填写。

（3）公称压力栏 按所选接管标准中压力等级填写，压力等级应高于设计压力。通常还要考虑密封面刚度，欧洲体系管法兰压力等级不低于 1.6MPa，美洲体系管法兰压力等级不低于 2.0MPa。

（4）连接标准和连接面型式栏 填写对外连接的接管法兰的标准，连接面型式按法兰密封面型式填写，如突面（RF）、凹凸面（MFM）等。不对外连接的管口，如人孔则不填，在连接标准和连接面型式两栏内用细斜线表示。用螺纹连接的管口则填连接螺纹规格，如填 M24、NPT3/4、ZG3/4" 等字样，连接面型式栏内填写内螺纹或外螺纹。带盲板可拆卸套接接管，以分数表示，分子为接管尺寸，分母为带盲板接管尺寸。

（5）用途或名称栏 填写工艺名称和用途，如填写"人孔""气体进口"等字样。

（6）设备中心线至法兰密封面距离栏 填写垂直于设备中心线各接管的实际距离。已在此栏内填写的接管，图中可不注出尺寸。其他需在图中标注尺寸的接管，在此栏中填写"见图"或"按本图"的字样。

管口表							
符号	公称尺寸	公称压力	连接标准	法兰型式	连接面型式	用途或名称	设备中心线至法兰密封面距离
A	250	$PN20$	HG/T 20615	WN	RF	气体进口	660
B	600	$PN20$	HG/T 20615	/	/	人孔	见图
C	150	$PN20$	HG/T 20615	WN	RF	液体进口	660
D	50×50	/	/	/	FF	加料口	见图
E	椭300×200	/	/	/	/	手孔	见图
$F_{1\sim3}$	15	$PN16$	HG/T 20592	SO	MFM	取样口	见图
G	20	/	M20	/	内螺纹	放净口	见图
H	20/50	$PN16$	HG/T 20592	SO	RF	回流口	见图
15	15	15	25	20	20	40	

180

图 3-7　管口表的格式及示例

3.2.6　设计数据表和技术要求

设计数据表是表示设备重要设计数据和技术要求的一览表，位于装配图中右上角。搅拌设备的设计数据表内容参照图 3-8，塔器的设计数据表内容参照图 3-9，表中内容可根据实际需要增减。其余类型设备的设计数据表参照相关规定。

设 计 数 据 表							
规 范			1.接受TSG 21—2016《固定式压力容器安全技术监察规程》的监察。 2.按GB/T 150.1~4—2011《压力容器》进行制造、检验和验收。 3.按HG/T 20569—2013《机械搅拌设备》进行制造、检验和验收。				
	容器	夹套	压力容器类别		压力容器级别		
介质			焊条型号		按NB/T 47015规定		
介质特性			焊条规格		按NB/T 47015规定		
工作温度/℃			焊缝结构		除注明外采用全焊透结构		
工作压力/MPaG			除注明外角焊缝腰高		按较薄厚度		
设计温度/℃			管法兰与接管焊接标准		按相应法兰标准		
设计压力/MPaG			焊接接头类别	方法-检测率	标准	技术等级	合格级别
腐蚀裕量/mm			无损检测　A, B　容器				
焊接接头系数			夹套				
热处理			C, D　容器				
水压试验压力　卧试/立试/MPaG			夹套				
气密性试验压力/MPaG			全容积/m³				
主要材料			设计寿命/年				
加热面积/m²			搅拌器型式				
保温层厚度/防火层厚度/mm			搅拌器转速/(r/min)				
表面防腐要求	按JB/T 4711规定		电机功率/防爆等级				
其他(按需要填写)			管口方位	按本图			

尺寸：15　20　20　28　17　12.5　12.5；90；45；180

图 3-8　搅拌设备的设计数据表

注：数据表中已填写内容为示例，供参考。

3.2.6.1　设计数据表的填写

在设计数据表中，最顶部是规范栏。此栏填写设计遵循的国家法规、规范和标准，可填写标准号或代号，也可写规范或标准全称。搅拌设备的常用规范，可参考图 3-8 示例填写，塔器的常用规范，可参考图 3-9 示例填写。

压力容器承装的介质，应写出具体的介质名称，若为混合物，除注明各组分名称外，还应注明各组分的比例。介质特性重点填写具有危害性的介质。如"有毒""易爆"等，有毒介质还应注明介质的毒性程度，如"极度危害""高度危害"等，对不具有危害性的介质可不填写。

	设 计 数 据 表						
规 范	1.接受 TSG 21—2016《固定式压力容器安全技术监察规程》的监察。 2.按 GB/T 150.1~4—2011《压力容器》进行制造、检验和验收。 3.按 NB/T 47041—2014《塔式容器》进行制造、检验和验收。						
介 质		压力容器类别			压力容器级别		
介质特性		焊条型号			按 NB/T 47015 规定		
工作温度/℃		焊条规格			按 NB/T 47015 规定		
工作压力/MPaG		焊缝结构			除注明外采用全焊透结构		
设计温度/℃		除注明外角焊缝腰高			按较薄厚度		
设计压力/MPaG		管法兰与接管焊接标准			按相应法兰标准		
腐蚀裕量/mm		焊接接头类别		方法-检测率	标准	技术等级	合格级别
焊接接头系数		无损检测	A, B	容器			
热处理			C, D	容器			
水压试验压力 卧试/立试/MPaG		全容积/m³					
气密性试验压力/MPaG		设计寿命/年					
主要材料		基本风压/(N/m²)					
保温层厚度/防火层厚度/mm		地震设防烈度					
表面防腐要求	按 JB/T 4711 规定	场土地类别/地震影响系数					
其他(按需要填写)		管口方位					

尺寸标注：8，20，15×8=120；15，40，28，17，12.5，12.5；90，45；180

图 3-9　塔器的设计数据表
注：数据表中已填写内容为示例，供参考。

　　工作压力和工作温度是由工艺条件确定的设计参数。设计时由已知的工艺条件，参照参考文献［1］第九章或相关标准确定设计压力和设计温度。若无特殊要求，表中压力均填写表压，当工作压力为常压时，也要填写具体数值。

　　此外，由工艺条件和介质特性，选择主要受压元件材料，并确定腐蚀裕量、表面防腐要求、水压试验及气密性试验压力等，填入表格相应的栏中。

　　在设计数据表中，还应注明与焊接有关的设计参数。如焊接方法、焊条型号、焊接规程、焊缝结构等，此外还要注明无损检测方法、检测比例、执行标准、技术等级和合格级别，并确定焊接接头系数。填写时应注意以下几点。

　　① 焊接方法如无说明时，一般按手工电弧焊要求填写。

　　② 常用焊条型号若按 NB/T 47015—2011 规定时，此栏只写"按 NB/T 47015 规定"，不必注出焊条型号。对于有特殊要求的焊条型号，应按需注出。

　　③ 焊接规程、焊缝结构、除注明外角焊缝腰高、管法兰与接管焊接标准栏的填写，按图 3-8 和图 3-9 的相应栏的示例填写。

④ 无损检测方法的选择应根据焊接接头类别确定，A、B 类焊接接头采用射线或超声检测，C、D 类焊接接头采用磁粉或渗透检测。无损检测方法用字母表示，射线检测以 RT 表示，超声检测以 UT 表示，磁粉检测以 MT 表示，渗透检测以 PT 表示。

⑤ 无损检测检比例按 GB/T 150.4—2011 中的规定，分为 100% 无损检测和局部无损检测。对于低温容器，局部无损检测检测比例为 50%，其余局部无损检测比例为 20%。

⑥ 无损检测应执行 NB/T 47013—2015 标准的规定，其中，射线检测执行 NB/T 47013.2 标准，超声检测执行 NB/T 47013.3 标准，磁粉检测执行 NB/T 47013.4 标准，渗透检测执行 NB/T 47013.5 标准。

⑦ 焊接接头和无损检测的合格指标，A、B 类焊接接头由技术等级和合格级别两者判定，C、D 类焊接接头由合格级别判定。填写时可参照参考文献 [1] 中的表 9-6。

⑧ 焊接接头系数 ϕ 值的确定，应与无损检测比例相对应。焊接接头为 100% 无损检测时，焊接接头系数 ϕ 值取 1，焊接接头为局部无损检测时，焊接接头系数 ϕ 值取 0.85。

在设计数据表中，还需注明压力容器的类别和级别。压力容器的类别按 TSG 21—2016《固定式压力容器安全技术监察规程》确定，分为 Ⅰ、Ⅱ、Ⅲ 三类，便于对压力容器分类管理。图 3-10 给出了承装一般介质压力容器的分类图，可根据设计压力 p（MPa）和容积 $V(\mathrm{m}^3)$，标出坐标点，确定压力容器类别，无类别时此栏不填。对于带有夹套类的多腔压力容器，应分别划类，并按照类别高的压力腔作为容器的类别填写。承装毒性程度为极度或高度危害的化学介质，以及易爆介质和液化气体的压力容器的分类，不在此列。

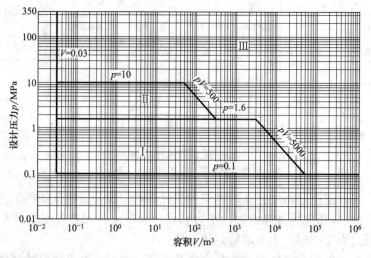

图 3-10　承装一般介质压力容器的分类图

设计数据表中用压力容器的级别，来表示压力容器的设计许可。通常第 Ⅰ 类容器为 D1 级，第 Ⅱ 类容器为 D2 级，高压和超高压容器为 A1 级，第 Ⅲ 类低、中压容器为 A2 级。

设计数据表中的主要材料，仅需填写主要受压元件的材料，通常指壳体、封头等的材料。

热处理一栏，可只填写"是"或"否"，当有详细要求或规定时，可在技术要求栏注明。

管口方位栏通常填写"按本图"，当管口方位有其他规定时，应注明"见管口方位图"等。

全容积栏应填写不扣除内件的壳体内全体积。必要时，还要填写操作容积（或有效容积、充装系数）等。

保温层厚度和防火层厚度按实际填写。

设计寿命（或设计使用年限）是设计者根据容器预期使用条件及重要性而给出的估计，

不等同于实际使用寿命。根据 HG/T 20580—2011 的推荐，一般容器、换热器为 10 年；分馏塔类、反应器、高压换热器为 20 年；球形容器为 25 年；重要的反应容器为 30 年。

图 3-8 搅拌设备设计数据表中，还应填写搅拌器型式、搅拌器转速、电机功率、防爆等级等，当容器无搅拌器时，此栏取消。搅拌设备通常设有夹套，此时应分别填写容器和夹套的设计数据。当容器无夹套时，此栏取消。当采用盘管加热时，还应增加盘管的设计数据。若夹套和盘管同时存在时，应分别列出各自的加热面积。

图 3-9 塔器设计数据表中，还应填写基本风压、地震烈度、场土地类别/地震影响等。

3.2.6.2　图样技术要求的填写

对装配图，设计数据表不能（或没有）表达出来内容或特殊的技术要求，可采用"文字条款"（或称图样技术要求）作为对"设计数据表"的补充，以文字形式来说明。图样技术要求通常置于设计数据表的下方，主要包括以下内容。

① 通用性制造、检验程序和方法等技术要求。

② 各类设备在不同条件下，需要提出、选择和附加的技术要求。其条款内容应力求紧扣标准、简明准确、便于执行。

③ 对已超出标准、规范范围的特殊要求，或具有一定特殊性，对工程设计、制造与检验有借鉴和指导作用的条款。

④ 对材料、制造、装配、验收、表面处理及涂饰、润滑、包装、保管、运输等方面的技术要求，它同样是制造、装配、验收等过程中的技术依据。

各类化工设备的图样技术要求的具体条文可参照化工设备指导性技术文件 TCED41002《化工设备图样技术要求》。与课程设计有关的图样技术要求整理如下。

（1）夹套反应釜装配图常用图样技术要求

① 本设备用×××钢板应符合 GB/T 713—2014 的规定；本设备用×××锻件应符合 NB/T 47008—2017 的规定（以及其他材料选用标准等）。

②设备上凸缘与安装底座的连接表面，应在组焊后加工。

③ 设备组装后，在搅拌轴上端轴封处测定轴的径向摆动量不得大于_____ mm，搅拌轴轴向窜动量不得大于_____ mm。

④ 组装完毕后，低于临界转速时，先空运转 15min 后，以水代料，并使设备内达到工作压力；超过临界转速时，直接以水代料，严禁空运转，并使设备内达到工作压力，进行试运转，时间不少于 30min。在试运转过程中，不得有不正常的噪声和振动等不良现象。

⑤ 搅拌轴旋转方向应和图示相符，不得反转。

（2）板式塔装配图常用图样技术要求

① 本设备用×××钢板应符合 GB/T 713—2014 的规定；本设备用×××锻件应符合 NB/T 47008—2017 的规定（以及其他材料选用标准等）。

② 塔体直线度公差为_____ mm，且不大于_____ mm。塔体安装垂直度公差为_____ mm，且不大于 15mm（塔体直线度及塔体安装垂直度公差均为 1/1000 塔高。塔体最大直线度公差：当塔高≤20m 时，不得超过 20mm；当塔高＞20m 时，不得超过 30mm）。

③ 裙座（或支座）螺栓孔中心圆公差±3mm，任意两孔间距公差±3mm。

④ 塔盘的制造、安装按 JB/T 1205—2001《塔盘技术条件》进行。

（3）填料塔装配图常用图样技术要求

① 本设备用×××钢板应符合 GB/T 713—2014 的规定；本设备用×××锻件应符合 NB/T 47008—2017 的规定（以及其他材料选用标准等）。

② 塔体直线度公差为_____ mm，且不大于_____ mm。塔体安装垂直度公差为_____ mm，且不大于 15mm（塔体直线度及塔体安装垂直度公差均为 1/1000 塔高。塔体最大直线度公差：当塔高≤20m 时，不得超过 20mm；当塔高＞20m 时，不得超过 30mm）。

③ 裙座（或支座）螺栓孔中心圆公差±3mm，任意两孔间距公差±3mm。

④ 栅板应平整，安装后的平面度允差 2mm。

⑤ 喷淋装置安装时平面度允差 3mm，标高允差±3mm，其中心线与塔体中心线同轴度允差 3mm。

此外，还有注明填料比面积、填料体积、气量和喷淋量等内容。

3.2.7　标题栏和签署栏

化工设备图中的标题栏位于图面的右下角，包括装配图和多个图样组成的零部件图。标题栏的内容、格式及尺寸如图 3-11。标题栏边框为粗线，其余为细线。

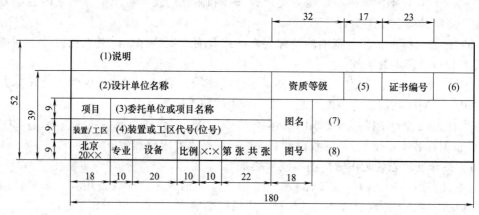

图 3-11　标题栏

标题栏的内容参考下述要求逐栏填写。

① 栏（1）填写设计单位说明或申明，如：本图纸为××××××工程公司财产，未经本公司许可不得转给第三者或复制。字体为 3 号。课程设计可按各学校要求填写。

② 栏（2）填写设计单位名称，或学校（学院）名称，字体为 5 号。

③ 栏（3）填写设备委托单位或所在项目名称，字体为 5 号。当设备委托单位或所在项目不详时可不填写。

④ 栏（4）填写装置或设备位号，字体为 4.5 号。

⑤ 栏（5）和栏（6）填写设计单位资质等级和证书编号，字体为 3 号。

⑥ 栏（7）为图名栏，分 2～3 行填写，第 1 行填写设备名称，字体为 4 号。一台设备所对应的一套图纸，设备名称应一致。第 2 行填写设备主要规格，字体为 3 号。规格按设备类型分别填写，如：

塔设备应填公称直径×总高；

搅拌设备和储罐应填全容积"$V=$____ m^3"；

换热器应填换热面积"$F=$____ m^2"。

第 3 行填写图样名称，如装配图、部件图、零件图、零部件图，字体为 3 或 3.5 号。

⑦ 栏（8）为图号栏，图号的编写方法，各单位可自行确定。课程设计时，可按"班号—学号—图纸顺序号"填写，如"高材—0901—05—1"等，字号为 3.5 号。

3.2.8　签署栏

签署栏位于标题栏上方，其内容、格式及尺寸如图 3-12。

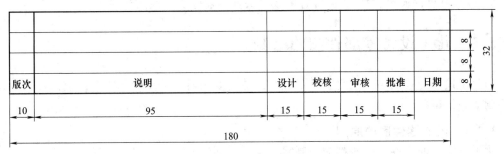

图 3-12　签署栏

表中版次栏以 0、1、2、3 阿拉伯数字表示。说明栏一般表示此版次图纸的用途，如施工图、询价用等。当图纸修改时，此栏填写修改内容。签署栏通常为 3 级签署，按相关规定执行。日期一般填写图纸完成的日期。

3.2.9　质量及盖章栏

质量及盖章栏，位于签署栏之上。其内容、格式及尺寸可参见图 3-13。表的线型边框为粗线，其余为细线。由于课程设计无需盖章栏，可将质量栏简化为如图 3-14 所示。

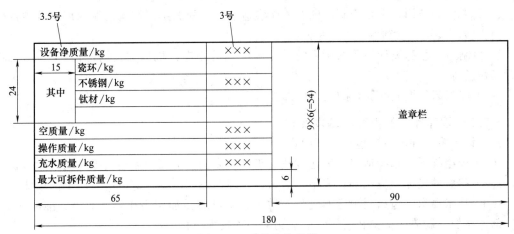

图 3-13　质量及盖章栏

设备净质量			(kg)	空质量	(kg)
其 中	不锈钢		(kg)	操作质量	(kg)
	钛材		(kg)	充水质量	(kg)
	其他		(kg)	最大可拆件质量	(kg)

图 3-14　质量栏

质量栏填写时，参照以下要求。

① 设备净质量：表示设备所有零、部件，金属和非金属材料质量的总和。当设备中有特殊材料如不锈钢、贵金属、触媒、填料等应分别列出。

② 设备空质量：为设备净质量、保温材料质量、防火材料质量、梯子平台质量的总和。

③ 操作质量：设备空质量与操作介质质量之和。

④ 充水质量：设备空质量与充水质量之和。

⑤ 最大可拆件质量：如 U 形管管束或浮头换热器浮头管束质量等。

3.3 化工设备零部件图的绘制

当化工设备的装配图不能完全满足加工制造的要求时，需要绘制零件图或部件图来作为加工制造的依据。

3.3.1 绘制零件图的原则

化工设备中的零件，一般都应绘制零件图。下列情况下，可以不画零件图。

① 属于国家标准、行业标准的标准零部件及外购件。

② 结构简单，尺寸和形状及其他资料已在装配图上和部件图上表示清楚，又不需要机加工的铆焊件、胶合件等。

③ 结构和尺寸均符合标准的连接件若仅材料与标准不同时，仍可不画零件图，但必须在明细栏中注明材料，且在备注栏中注明："尺寸按××××标准"等字样。

3.3.2 绘制部件图的原则

标准部件以及外购件，可不绘制部件图。但遇下述情况时，必须画部件图。

① 具有独立结构，必须绘制部件图才能表达清楚装配关系、结构性能和用途的零部件，如：搅拌传动装置、联轴器、人（手）孔等。

② 由制造工艺和设计的要求所决定的必须组合后才进行机械加工的部件，如带短筒节的设备法兰等。

③ 由许多部分组成的复杂的壳体部件。

3.3.3 零部件图的内容和基本要求

化工设备零部件图主要包括以下内容。

（1）**一组视图** 选择适当的表达方法，正确、完整、清晰地表达出零件的结构形状。

（2）**完整的尺寸** 应正确、完整、清晰、合理地标注出零、部件所需的全部尺寸。

（3）**技术要求** 包括用规定的代号、数字、字母或另加文字注释，简明、准确地给出零、部件在加工制造、检验和使用时应达到的各项技术指标。

3.3.4 零部件图的图纸幅面

零、部件图，一般按 A1 图纸幅面，可在一张 A1 图幅上分为若干个小幅面，如图 3-15 所示。以图框线为准，用细实线划分为接近标准幅面尺寸的图样幅面。也可如图 3-16 所示，

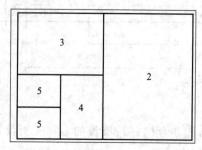

图 3-15 零部件图 A1 图幅组合 1

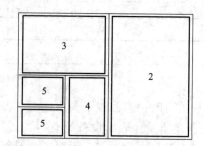

图 3-16 零部件图 A1 图幅组合 2

其中每个幅面的尺寸均符合 GB/T 14689《技术制图　图纸幅面和格式》的规定。建议优先采用如图 3-15 所示图样幅画。

不单独存在的多个图样组成一张图纸时，图纸右下角采用一个标题栏，该图中每个零、部件的明细栏内"所在图号"为同一图号，并与标题栏图号一致。当零、部件不够组成一张 A1 图幅时，可采用 A2、A3、A4 幅面，注意 A3 幅面不允许单独竖放，A4 幅面不允许横放，A5 幅面不允许单独存在。

第4章 夹套反应釜设计

4.1 夹套反应釜的总体结构

　　搅拌容器常被称作搅拌釜,当作反应器用时,称为搅拌釜式反应器,简称反应釜。反应釜广泛应用于合成塑料、合成纤维、合成橡胶、农药、化肥等行业。图4-1所示为一台带搅拌的夹套反应釜。反应釜由搅拌器、搅拌装置、传动装置、轴封装置及支座、人孔、工艺接管等附件组成。

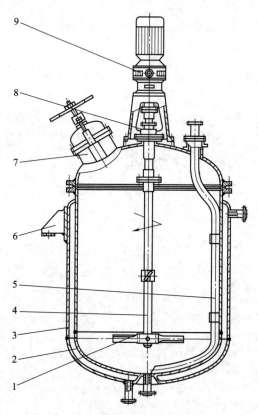

图 4-1　带搅拌的夹套反应釜

1—搅拌器;2—罐体;3—夹套;4—搅拌轴;5—压出管;
6—支座;7—人孔;8—轴封;9—传动装置

　　搅拌容器分罐体和夹套两部分,主要由筒体和封头组成,多为中、低压压力容器;搅拌装置由搅拌器和搅拌轴组成,其形式通常由工艺设计而定;传动装置是为带动搅拌装置设置的,主要由电动机、减速器、联轴器和传动轴等组成;轴封装置为动密封,一般采用机械密封或填料密封;它们与支座、人孔、工艺接管等附件一起,构成完整的夹套反应釜。

4.2　夹套反应釜机械设计内容和步骤

夹套反应釜的机械设计是在工艺设计之后进行的，设计依据是工艺提出的要求和条件。工艺条件一般包括：釜体容积、最大工作压力、工作温度、介质及腐蚀性、传热面积、搅拌型式、转速、功率、工艺接管的尺寸及方位等。通常这些条件都以表格的形式反映在设计任务书中，由于带夹套反应釜的机械设计能对学生进行综合的训练，故选择带夹套反应釜作为课程设计的内容。表 4-1 是设计任务书（含示意简图）。

表 4-1　夹套反应釜设计任务书

简图与说明	比例	设计参数及要求		
			容器内	夹套内
		工作压力/MPa		
		设计压力/MPa	0.2	0.3
		工作温度/℃		
		设计温度/℃	<120	<150
		介质	染料及有机溶剂	冷却水或蒸汽
		全容积/m^3	2.5	
		操作容积/m^3	2	
		传热面积/m^2	7	
		腐蚀情况	微弱	
		推荐材料	Q245R 或 Q345R	
		搅拌器型式	桨式	
		搅拌轴转速/(r/min)	50	
		轴功率/kW	1.4	

条件内容修改				接管表			
修改标记	修改内容	签字	日期	符号	公称尺寸 DN	连接面型式	用途
				A	25		蒸汽入口
				B	25		加料口
				C	450		人孔
				D	80		温度计口
单位名称				E	40		备用口
工程名称				F	25		压缩空气口
设计项目				G	100		压料管套管
条件编号				H	50		压料管
设备图号				M	40		放料口
位号/台数				N	25		凝液出口
提出人		日期					
备注							

在阅读了设计任务书后，按以下内容和步骤进行夹套反应釜的机械设计。

（1）总体结构设计　根据工艺要求并考虑制造、安装和维护检修的方便，确定各部分结构形式，如封头型式、传热面积、搅拌类型、传动型式、轴封和各种附件的结构形式。

（2）容器的设计　其主要内容有：

① 根据工艺参数确定各部分几何尺寸；

② 考虑压力、温度、腐蚀因素，选择釜体和夹套材料；

③ 对罐体、夹套等进行强度和稳定性计算、校核。

（3）搅拌器设计　根据搅拌器类型确定相关位置和尺寸。

（4）传动系统设计　包括选择电动机，确定传动类型，选择减速机、联轴器、机座及底座设计等。

（5）选择轴封　选择并确定轴封及相关零部件。

（6）绘图　包括装配图、部件图和零件图。如采用标准零、部件，写出标准号及标记，不必绘图。

（7）编制技术要求　提出制造、装配、检验和试车等方面的要求。采用标准技术条件的可标注文件号。

4.3　罐体和夹套的设计

夹套式反应釜是由罐体和夹套两大部分组成。罐体在规定的操作温度和操作压力下，为物料完成其搅拌过程提供了一定的空间。夹套传热是一种应用最普遍的外部传热方式。它是一个套在罐体外面能形成密封空间的容器，既简单又方便。

罐体和夹套的设计主要包括其结构设计、各部分几何尺寸的确定和强度的计算与校核。

4.3.1　罐体和夹套的结构设计

罐体一般是立式圆筒形容器，有顶盖、简体和罐底（见图 4-2），通过支座安装在基础或平台上。罐底通常为椭圆形封头。顶盖在受压状态下操作常选用椭圆形封头，对于常压或操作压力不大而直径较大的设备，顶盖可采用薄钢板制造的平盖，并在薄钢板上加设型钢（槽钢和工字钢）制的横梁，用以支承搅拌器及其传动装置。

顶盖与罐底分别与简体相连。罐底与简体的连接常采用焊接连接。顶盖与简体的连接型式分为开式（可拆）和闭式（不可拆）两种，简体内径 $D_1 \leqslant 1200\text{mm}$，宜采用可拆连接。当要求可拆时，做成法兰连接。夹套的型式与罐体相同。

4.3.2　罐体几何尺寸计算

4.3.2.1　确定简体内径

一般由工艺条件给定容积 V、简体内径 D_1 按式（4-1）估算

$$D_1 \approx \sqrt[3]{\frac{4V}{\pi i}} \quad \text{m} \qquad (4\text{-}1)$$

式中　V——工艺条件给定容积，m^3；

i——长径比，$i = \dfrac{H_1}{D_1}$（按物料类型选取，见表 4-2）。

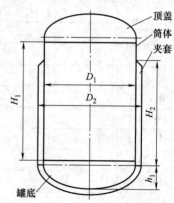

图 4-2　夹套反应釜罐体和夹套

表 4-2　几种搅拌釜的长径比 i 值

种　类	设备内物料类型	i
一般搅拌釜	液-固相或液-液相物料	1～1.3
	气-液相物料	1～2
发酵釜	发酵液	1.7～2.5
聚合釜	悬浮液、乳化液	2.08～3.85

选择釜体长径比 i 时要考虑其对搅拌功率、传热的影响及物料反应和结构等对长径比的要求。通常，一定结构的搅拌器桨叶直径与釜体内径有一定的比例关系。随着釜体长径比的减小，搅拌器桨叶必然也要相应放大，在固定的搅拌轴转速下，搅拌功率与搅拌器桨叶直径的五次方成正比。显然，随着釜体直径的增加，搅拌器的功率增加很多，减小长径比只能无谓地损耗一些搅拌功率，因此，长径比应考虑选得大些。

釜体长径比对夹套传热也有显著的影响，当容积一定时，长径比越大，则釜体盛料部分表面积越大，夹套的传热面积也就越大。同时，长径比越大，传热面积距离釜体中心越近，物料的温度梯度就越小，有利于提高传热效果。因此，从夹套传热角度考虑，长径比越大效果越好。

当反应釜容积 V 小时，为使筒体内径 D_1 不致太小，容易在顶盖上布置接管和传动装置，通常 i 取小值。

将 D_1 估算值圆整到公称直径系列，见表 D-1。

4.3.2.2　确定封头尺寸

反应釜筒体与夹套最常用的封头型式是标准椭圆封头，其断面形状如图 4-3 所示，

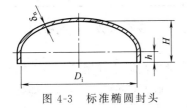

图 4-3　标准椭圆封头

以内径为基准的椭圆形封头类型代号为 EHA，如：EHA 1600×32-Q345R GB/T 25198，其内径与筒体内径相同，其厚度计算并向上圆整，常用标准椭圆封头尺寸见表 D-2，质量见表 D-3。

4.3.2.3　确定筒体高度 H_1

反应釜容积 V 通常按下封头和筒体两部分容积之和计算。则筒体高度 H_1 按式（4-2）计算，并进行圆整

$$H_1 = (V - V_{封}) / V_{1m} \qquad (4\text{-}2)$$

式中　$V_{封}$——封头容积（见表 D-2），$\mathrm{m^3}$；

　　　V_{1m}——1m 高筒体容积（见表 D-1），$\mathrm{m^3/m}$。

当筒体高度确定后，应按圆整后的筒体高度修正实际容积，则

$$V = V_{1m} H_1 + V_{封} \qquad (4\text{-}3)$$

式中　$V_{封}$——封头容积（见表 D-2），$\mathrm{m^3}$；

　　　V_{1m}——1m 高筒体容积（见表 D-1），$\mathrm{m^3/m}$；

　　　H_1——圆整后的筒体高度，m。

4.3.3　夹套几何尺寸计算

容器夹套的常用结构如图 4-4 所示。夹套的结构尺寸常根据安装和工艺两方面的要求而定。夹套和筒体的连接常焊接成封闭结构，其常用结构和主要安装尺寸见图 4-5。夹套内径 D_2 可根据筒体内径 D_1，按表 4-3 选取。夹套下封头型式同罐体封头，其内径 D_2 与夹套筒体相同。

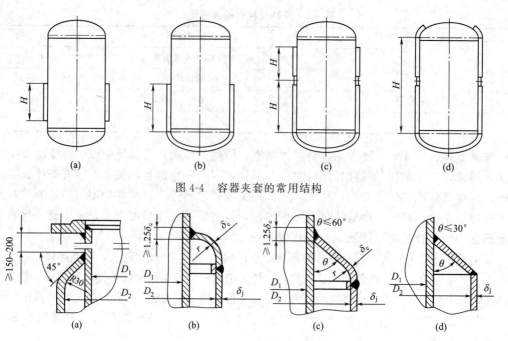

图 4-4 容器夹套的常用结构

图 4-5 夹套的封闭结构

表 4-3 夹套内径 D_2 mm

D_1	500～600	700～1800	2000～3000
D_2	D_i+50	D_i+100	D_i+200

夹套高 H_2 由传热面积决定，不能低于料液高。通常由工艺给定装料系数 η，或根据已知操作容积和全容积进行计算，即 $\eta=$ 操作容积/全容积。

若装料系数 η 没有给定，则应合理选用装料系数 η 的值，尽量提高设备利用率。通常取 $\eta=0.6～0.85$。如物料在反应过程中要起泡沫或呈沸腾状态，η 应取低值，$\eta=0.6～0.7$；如物料反应平稳或物料黏度较大时，η 应取大值，$\eta=0.8～0.85$。夹套高 H_2 按式（4-4）估算

$$H_2=(\eta V-V_{封})/V_{1m} \tag{4-4}$$

式中 $V_{封}$——封头容积（见表 D-2），m^3；

V_{1m}——1m 高筒体容积（见表 D-1），m^3/m。

夹套所包围罐体的表面积（筒体表面积 $F_{筒}$＋封头表面积 $F_{封}$）一定要大于工艺要求的传热面积 F，即

$$F_{封}+F_{筒}\geqslant F \tag{4-5}$$

式中 $F_{筒}$——筒体表面积，$F_{筒}=H_2F_{1m}$，m^2；

$F_{封}$——封头表面积（见表 D-2），m^2；

F_{1m}——1m 高筒体内表面积（见表 D-1），m^2/m。

当 $F_{封}+F_{筒}<F$，不满足要求时，应考虑在釜内设置其他类型的传热装置。

当筒体与上封头用法兰连接时，常采用甲型平焊法兰连接，压力高时，可采用乙型平焊法兰或长颈对焊法兰连接，详见参考文献 [1] 第十二章第一节。本书仅给出甲型平焊法兰，其结构见附图 D-1 和附图 D-2，其主要尺寸见附表 D-4。甲型平焊法兰的密封面型式主要有平密封面、凹密封面和凸密封面 3 种。平密封面代号 RF，用在压力不高且装拆方便的场合。凸密封面（代号 M）和凹密封面（代号 FM）常成对使用，其型式见附图 D-2。凹凸密封面

（MFM）用于压力较高且需要用法兰定位的场合。带衬环甲型平焊法兰见附图 D-3。不同密封面法兰及衬环的质量见附表 D-5。

当筒体与上封头用法兰连接时，夹套与筒体的焊接点与法兰距离要考虑到装拆螺栓的方便，一般不小于 150～200mm，见图 4-5，夹套有保温层取大值。

4.3.4　夹套反应釜的强度计算

当夹套反应釜几何尺寸确定后，则要根据已知的公称直径、设计压力和设计温度进行强度计算，确定罐体及夹套的筒体和封头的厚度。带夹套的受内外压筒体厚度可参见表 4-4。

表 4-4　带夹套的受内外压筒体厚度计算表　　　　　　　　　mm

容器的长与直径比 i	公称直径 DN																										
	600			700			800			900			1000			1200			1400			1600			1800		
	夹套内压力/MPa（容器内压力≤1MPa）																										
	0.25	0.4	0.6	0.25	0.4	0.6	0.25	0.4	0.6	0.25	0.4	0.6	0.25	0.4	0.6	0.25	0.4	0.6	0.25	0.4	0.6	0.25	0.4	0.6	0.25	0.4	0.6
	筒体厚度 δ_n																										
1	6	6	6	6	6	8	6	8	8	6	8	8	8	10	10	10	10	12	10	12	12	12	12	14	12	14	14
2	6	8	8	8	8	10	8	10	10	8	10	12	10	12	12	12	12	14	12	14	14	14	14	16	14	16	16
3	8	8	10	8	10	10	10	12	12	12	14	14	12	14	16	14	16	18	14	16	18	16	18	20	16	18	22
4	8	10	10	10	12	12	12	12	14	12	14	16	14	16	16	16	16	20	16	18	20	18	20	24	18	20	24
5	8	10	12	10	12	12	12	14	14	14	16	16	14	16	18	16	18	20	18	20	24	18	20	24	18	22	26

4.3.4.1　强度计算的原则及依据

强度计算中各参数的选取及计算，均应符合 GB/T 150.1～4《压力容器》的规定。强度计算应考虑以下几种情况。

（1）圆筒内为常压外带夹套

① 当圆筒的公称直径 $DN \geqslant 600$mm 时，被夹套包围部分的筒体按外压（指夹套压力）圆筒设计，其余部分按常压设计。

② 当圆筒的公称直径 $DN < 600$mm 时，全部筒体按外压（指夹套压力）圆筒设计。

（2）圆筒内为真空外带夹套

① 当圆筒体的公称直径 $DN \geqslant 600$mm 时，被夹套包围部分的筒体按外压（指夹套压力＋0.1MPa）圆筒设计，其余部分按真空设计。

② 当圆筒体的公称直径 $DN < 600$mm 时，全部筒体按外压（指夹套压力＋0.1MPa）圆筒设计。

（3）圆筒内为正压外带夹套

① 当圆筒体的公称直径 $DN \geqslant 600$mm 时，被夹套包围部分的筒体分别按内压圆筒和外压圆筒计算，取其中较大值；其余部分按内压圆筒设计。

② 当圆筒体的公称直径 $DN < 600$mm 时，全部筒体分别按内压圆筒和外压圆筒计算，取其中较大值。

4.3.4.2　按内压对筒体和封头进行强度计算

内压薄壁圆筒的强度计算见参考文献 [1] 第九章第二节。

内压容器封头的强度计算见参考文献 [1] 第十章第一节。

4.3.4.3　按外压对筒体和封头进行稳定性校核

当筒体和封头需按外压设计时，可按 GB/T 150.3 中的图表法进行稳定性校核计算。校核计算步骤见参考文献 [1] 第十一章。

4.3.4.4 水压试验

夹套反应釜应对罐体和夹套分别进行水压试验,其具体方法和步骤参见参考文献 [1]
第九章第三节。

4.3.5 夹套反应釜设计计算举例

以表 4-1 任务书所给参数为例,对夹套反应釜进行设计计算。根据任务书给出的条件,
反应釜罐体内为正压外带夹套,按上述强度计算原则被夹套包围部分的罐体分别按内压和外
压计算,罐体内压为 0.2MPa,外压为极限时最大内外压差 0.3MPa;其余部分按内压圆筒
设计。

4.3.5.1 确定几何尺寸

步骤	项目及代号	参数及结果	备 注
1-1	全容积 V,m^3	2.5	由工艺条件给定
1-2	操作容积 V_1,m^3	2	由工艺条件给定
1-3	传热面积 F,m^2	7	由工艺条件给定
1-4	筒体型式	圆筒形	常用结构
1-5	封头型式	椭圆形	常用结构
1-6	长径比 $i=H_1/D_1$	1.1	按表 4-2 选取
1-7	初算罐体筒体内径 $D_1 \cong \sqrt[3]{\dfrac{4V}{\pi i}}$,m	1.425	按式(4-1)计算
1-8	圆整罐体筒体内径 D_1,mm	1400	按表 D-1 选取
1-9	1m 高的容积 V_{1m},m^3	1.539	按表 D-1 选取
1-10	罐体封头容积 $V_{1封}$,m^3	0.398	按表 D-2 选取
1-11	罐体筒体高度 $H_1=(V-V_{1封})/V_{1m}$,m	1.366	按式(4-2)计算
1-12	圆整罐体筒体高度 H_1,mm	1400	选取
1-13	实际容积 $V=V_{1m}\times H_1+V_{1封}$,$m^3$	2.55	按式(4-3)计算
1-14	夹套筒体内径 D_2,mm	1500	按表 4-3 选取
1-15	装料系数 $\eta=V_操/V$ 或按 $\eta=0.6\sim0.85$ 选取	0.8	计算或选取
1-16	夹套筒体高度 $H_2 \geqslant (\eta V-V_{1封})/V_{1m}$,m	1.07	按式(4-4)计算
1-17	圆整夹套筒体高度 H_2,mm	1100	选取
1-18	罐体封头表面积 $F_{1封}$,m^2	2.2346	按表 D-2 选取
1-19	1m 高筒体内表面积 F_{1m},m^2	4.40	按表 D-1 选取
1-20	实际总传热面积 $F=F_{1m}\times H_2+F_{1封}$,$m^2$	7.07＞7	按式(4-5)校核

4.3.5.2 强度计算(按内压计算罐体及夹套厚度)

步骤	项目及代号	参数及结果	备 注
2-1	设备材料	Q245R	据工艺条件或腐蚀情况确定
2-2	设计压力(罐体内)p_1,MPa	0.2	由工艺条件给定

续表

步骤	项目及代号	参数及结果	备　注
2-3	设计压力（夹套内）p_2，MPa	0.3	由工艺条件给定
2-4	设计温度（罐体内）t_1，℃	＜120	由工艺条件给定
2-5	设计温度（夹套内）t_2，℃	＜150	由工艺条件给定
2-6	液柱静压力 $p_{1H}=10^{-6}\rho gh$，MPa	0.014	按参考文献[1]第九章计算
2-7	计算压力 $p_{1c}=p_1+p_H$，MPa	0.214	计算
2-8	液柱静压力 p_{2H}，MPa	0	忽略
2-9	计算压力 $p_{2c}=p_2$	0.3	计算
2-10	罐体及夹套焊接接头系数 ϕ	0.85	按参考文献[1]表 9-5 选取
2-11	设计温度下材料许用应力 $[\sigma]^t$，MPa	144	按参考文献[1]表 9-3
2-12	罐体筒体计算厚度 $\delta_1=\dfrac{p_cD_1}{2[\sigma]^t\phi-p_c}$，mm	1.223	按参考文献[1]第九章计算
2-13	夹套筒体计算厚度 $\delta_2=\dfrac{p_cD_2}{2[\sigma]^t\phi-p_c}$，mm	1.894	按参考文献[1]第九章计算
2-14	罐体封头计算厚度 $\delta_1'=\dfrac{p_cD_1}{2[\sigma]^t\phi-0.5p_c}$，mm	1.223	按参考文献[1]第十章标准椭圆封头计算
2-15	夹套封头计算厚度 $\delta_2'=\dfrac{p_cD_2}{2[\sigma]^t\phi-0.5p_c}$，mm	1.892	按参考文献[1]第十章标准椭圆封头计算
2-16	取最小厚度 δ_{min} 作为计算厚度 δ，mm	3	不满足刚度条件。按参考文献[1]第九章选取 δ_{min}
2-17	腐蚀裕量 C_2，mm	2.0	
2-18	罐体筒体设计厚度 $\delta_{1d}=\delta+C_2$，mm	5	按参考文献[1]第九章计算
2-19	夹套筒体设计厚度 $\delta_{2d}=\delta+C_2$，mm	5	按参考文献[1]第九章计算
2-20	罐体封头设计厚度 $\delta_{1d}'=\delta+C_2$，mm	5	按参考文献[1]第十章计算
2-21	夹套封头设计厚度 $\delta_{2d}'=\delta+C_2$，mm	5	按参考文献[1]第十章计算
2-22	钢板厚度负偏差 C_1，mm	0.3	按参考文献[1]第九章表 9-7
2-23	罐体筒体名义厚度 $\delta_{1n}=\delta_{1d}$，mm	5	$\delta_{min}-\delta_1=3-1.223>C_1$
2-24	夹套筒体名义厚度 δ_{2n}，mm	5	$\delta_{min}-\delta_2>C_1$
2-25	罐体封头名义厚度 δ_{1n}'，mm	5	$\delta_{min}-\delta_1'>C_1$
2-26	夹套封头名义厚度 δ_{2n}'，mm	5	$\delta_{min}-\delta_2'>C_1$

4.3.5.3　稳定性校核（按外压校核罐体厚度）

步骤	项目及代号	参数及结果	备　注
3-1	罐体筒体名义厚度 δ_n，mm	5	根据强度计算结果
3-2	厚度附加量 $C=C_1+C_2$	2.3	按参考文献[1]第九章计算
3-3	罐体筒体有效厚度 $\delta_e=\delta_n-C$，mm	2.7	按参考文献[1]第九章计算

续表

步骤	项目及代号	参数及结果	备 注
3-4	罐体筒体外径 $D_0=D_1+2\delta_n$，mm	1410	按参考文献[1]第十一章计算
3-5	筒体计算长度 $L=H_2+\dfrac{1}{3}h_1$，mm	1217	按参考文献[1]第十一章计算
3-6	系数 L/D_0	0.863	按参考文献[1]第十一章计算
3-7	系数 D_0/δ_e	522.22	按参考文献[1]第十一章计算
3-8	系数 A	0.000129	查参考文献[1]图 11-5
3-9	系数 B	—	查参考文献[1]图 11-7
3-10	许用外压 $[p]=\dfrac{B}{D_0/\delta_e}$ 或 $[p]=\dfrac{2AE}{3(D_0/\delta_e)}$，MPa	<0.3	按参考文献[1]第十一章计算失稳，重设名义厚度 δ_n
3-11	罐体筒体名义厚度 δ_n，mm	10	假设
3-12	钢板厚度负偏差 C_1，mm	0.3	按参考文献[1]表 9-7 或表 9-8 选取
3-13	厚度附加量 $C=C_1+C_2$	2.3	按参考文献[1]第九章计算
3-14	罐体筒体有效厚度 $\delta_e=\delta_n-C$，mm	7.7	按参考文献[1]第九章计算
3-15	罐体筒体外径 $D_0=D_1+2\delta_n$，mm	1420	按参考文献[1]第十一章计算
3-16	筒体计算长度 $L=H_2+\dfrac{1}{3}h_1$，mm	1217	按参考文献[1]第十一章计算
3-17	系数 L/D_0	0.857	按参考文献[1]第十一章计算
3-18	系数 D_0/δ_e	184.42	按参考文献[1]第十一章计算
3-19	系数 A	0.00066	查参考文献[1]图 11-5
3-20	系数 B	92	查参考文献[1]图 11-7
3-21	许用外压 $[p]=\dfrac{B}{D_0/\delta_e}$，MPa	$0.498>0.3$	按参考文献[1]第十一章计算稳定性满足要求
3-22	罐体封头名义厚度 δ_n，mm	10	假设
3-23	罐体封头钢板厚度负偏差 C_1，mm	0.3	按参考文献[1]表 9-7 选取
3-24	罐体封头厚度附加量 $C=C_1+C_2$，mm	2.3	按参考文献[1]第九章计算
3-25	罐体封头有效厚度 $\delta_e'=\delta_n'-C$，mm	7.7	按参考文献[1]第九章计算
3-26	罐体封头外径 $D_0'=D_1'+2\delta_n'$，mm	1420	按参考文献[1]第十一章计算
3-27	标准椭圆封头当量球壳外半径 $R_0'=0.9D_0'$，mm	1278	按参考文献[1]第十一章计算
3-28	系数 $A=\dfrac{0.125}{(R_0'/\delta_e')}$	0.00075	按参考文献[1]第十一章计算
3-29	系数 B	105	查参考文献[1]图 11-7
3-30	许用外压 $[p]=\dfrac{B}{R_0'/\delta_e'}$，MPa	$0.633>0.3$	按参考文献[1]第十一章计算稳定性满足要求
3-31	罐体封头最小厚度 $\delta_{min}=0.15\%D_1$，mm	2.1	$\delta_{min}\leqslant\delta_e$，满足要求

4.3.5.4　水压试验校核

步骤	项目及代号	参数及结果	备　注
4-1	罐体试验压力 $p_{1T}=1.25 p_1 \dfrac{[\sigma]}{[\sigma]^t}$，MPa	0.257	按参考文献[1]第九章计算
4-2	夹套水压试验压力 $p_{2T}=1.25 p_2 \dfrac{[\sigma]}{[\sigma]^t}$，MPa	0.385	按参考文献[1]第九章计算
4-3	材料屈服点应力 σ_s，MPa	245	按参考文献[1]第九章计算
4-4	$\sigma_T \leqslant 0.9\phi\sigma_s$，MPa	187.4	按参考文献[1]第九章计算
4-5	罐体圆筒应力 $\sigma_{1T}=\dfrac{p_{1T}(D_1+\delta_e)}{2\delta_e}$，MPa	23.49<187.4	按参考文献[1]第九章计算
4-6	夹套内压试验应力 $\sigma_{2T}=\dfrac{p_{2T}(D_2+\delta_e)}{2\delta_e}$，MPa	107.14<187.4	按参考文献[1]第九章计算

4.4　反应釜的搅拌器

　　搅拌器又称搅拌机，由搅拌轴和搅拌桨组成，是反应釜等搅拌设备的关键部件。搅拌桨有多种型式，主要有：桨式、推进式、框式、锚式、涡轮式、螺杆式和螺带式等。

　　搅拌器的选型通常由工艺确定，表 4-5 给出了工艺操作目的和搅拌桨各因素的关系。

表 4-5　工艺操作目的和搅拌桨各因素的关系（摘自 HG/T 20569—2013）

操作目的	推荐搅拌桨	评估搅拌效果的特性参数	过度搅拌对过程影响	搅拌桨的循环流量或剪切力的重要性
均相低黏度液混合（易溶液体调和）	推进式、轴流旋桨及涡轮式等	混合时间,混合指数,翻转次数,均匀度	无影响,但返混增大	提高循环流量能增大搅拌效果,剪切力影响小
均相高黏度液混合	锚框式、螺带、螺杆、大叶片式等	混合时间,剪切速率,翻转次数,均匀度	依据多数非牛顿流体特性来判断	循环流量及剪切速率均能增大搅拌效果
液-液分散（不互溶液体混合）	轴流式涡轮、圆盘式涡轮、直叶涡轮等	均匀分散时间,液滴比表面积、平均滴径及滴径分布,分散均匀度	两相再分开困难,返混增大	剪切力用作分裂液滴,循环流动使液滴通过叶轮强剪切区次数增多
气-液分散气-液吸收	盘式涡轮、大叶片式轴流涡轮等	分散时间,气泡比表面积、平均滴径或滴径分布,溶气率,临界分散转速	生成难于破碎的泡沫及较稳定的小气泡,返混增大	剪切力用作分裂气泡,循环流动使气泡通过叶轮强剪切区次数增多
固-液分散	均化器、锯齿圆盘胶体磨等	固体破碎程度,粒子分布均匀度、润湿程度	易产生乳化	剪切力用作打散粒子,循环流动使粒子通过叶轮强剪切区次数增多

续表

操作目的	推荐搅拌桨	评估搅拌效果的特性参数	过度搅拌对过程影响	搅拌桨的循环流量或剪切力的重要性
固-液悬浮	推进式、轴流旋桨、轴流涡轮等	悬浮状态,临界悬浮转速,固液浓度,比表面积	脆性粒子破碎	提高循环流量提高搅拌效果,剪切力无影响
固-液溶解	推进式、轴流旋桨、轴流涡轮等	溶解速度,以固粒表面积为基准的液膜传质系数及总容积传质系数	无影响,离底悬浮即可	提高循环流量提高搅拌效果,剪切力有一定影响
固-液结晶	桨式、开启涡轮、推进式加导流筒等	结晶速率,晶粒大小及分布和杂质包裹量	晶粒被破碎,生成大量晶核,易包裹杂质	提高循环流量提高搅拌效果,剪切力决定晶粒粒径的大小
固-液浸取	桨式、轴流旋桨等	悬浮状态,固液浓度,比表面积,溶解速度	无影响	提高循环流量提高搅拌效果,剪切力无影响
液-液萃取	轴液旋桨、直叶涡轮、盘式涡轮等	萃取速率,萃取效率,液滴比表面积,液膜传质系数和总容积传质系数	两相再分开困难,返混增大	剪切力用作分裂液滴,循环流动使液滴通过叶轮强剪切区次数增多
液-液乳化	直叶涡轮、均化器、胶体磨、锯齿圆盘等	乳化速率,液滴大小及均匀度	液滴过小	剪切力用作分裂液滴,循环流动使液滴通过叶轮强剪切区次数增多
传热(气、固、液)	推进式、轴流涡轮、布鲁马金、三叶后掠式等	传热速率,液膜传热系数,总传热系数	无影响	提高循环流量提高搅拌效果,剪切力影响小
反应(气、固、液)	按特定的反应条件要求配给	反应时间,传热、传质要求,翻转次数。对高分子聚合,转化率、相对分子量及分布为主要指标	据不同反应各有要求	循环流量及剪切力对反应均有影响

在搅拌器的机械设计中,通常需针对不同的搅拌工艺过程和强度要求,确定搅拌轴功率,表4-6给出常用桨端线速度及单位容积功率值(按水溶液或类似溶液),表4-7给出工艺过程常见单位容积物料功率值,表4-8给出搅拌工艺过程要求的搅拌等级。通过表4-6~表4-8,可估算搅拌工艺过程所需的搅拌轴功率,采用的最小搅拌轴功率宜大于表4-6及表4-7中所示的单位容积物料所需的功率值。

表4-6 常用桨端线速度及单位容积功率值(按水溶液或类似溶液)(摘自 HG/T 20569—2013)

搅拌方式	缓慢搅拌	普通搅拌	强力搅拌	特强搅拌	高速分散和乳化
桨端线速度/(m/s)	≤1.5	1.5~4.0	4.0~6.0	≥6.0	15.0~30.0
单位容积搅拌功率/(kW/m³)	≤0.1	0.1~1.0	0.5~3.0	≥3.0	5.0~30.0

注:针对不同黏度及密度的流体,选用值可适当变动。

表 4-7　工艺过程常见单位容积物料功率值（摘自 HG/T 20569—2013）

搅拌工艺过程	单位容积物料功率 /(kW/m³)	搅拌工艺过程	单位容积物料功率 /(kW/m³)
易溶液体混合（调和）	0.010～0.300（按混合时间）	胶、浆液均质	0.100～0.300（按胶浆黏度密度）
不互溶液体混合（分散）	0.300～1.200（按密度、张力差）	大型储罐侧搅拌	0.005～0.050（按目的）
固液悬浮（小密度差）	0.200～1.000（按粒径大小）	外夹套内盘管传热	0.300～1.000（按时间及黏度）
气液分散和吸收（发酵）	0.500～3.000（按通气量大小）	溶液及乳液聚合反应	1.000～3.000（按反应时间要求）
固体有机物溶解	0.100～0.500（按密度差）	高黏本体聚合反应	2.000～10.000（按黏度大小）
固体无机物溶解	0.300～1.000（按密度差）	高速液乳化	5.000～30.000（按乳化液安定程度）
机械爆气	0.010～0.100（按爆气强度）		

表 4-8　搅拌工艺过程要求的搅拌等级（摘自 HG/T 20569—2013）

搅拌等级	液液混合	固液悬浮	气液分散
1～2 级	适用于低流动速度的工艺过程 1. 比重差小于 0.1 互溶液混均 2. 黏度比大于 1/100 互溶液混均 3. 不同物料长时间混合均匀 4. 混合液体表面产生平稳流动	适用于最低固液悬浮的工艺过程 1. 颗粒在容器底部缓慢移动 2. 容器底部颗粒可有周期性悬浮沉降	适用于气液分散不是关键因素的工艺过程 1. 搅拌桨超过临界转速,较低水平的气液分散 2. 不受气液传质限制的过程
3～5 级	适用于普通混合搅拌工艺过程 1. 比重差小于 0.5 互溶液混均 2. 黏度比大于 1/1000 互溶液混均 3. 黏度液体表面产生小波动	适用于溶解搅拌工艺过程,离底固液悬浮 1. 颗粒离开容器底部悬浮 2. 颗粒在 1/3 液体高度均匀 3. 悬浮液可从底部出口排出	适用于普通气液分散的工艺过程 1. 可使小气泡达到容器壁 2. 可使部分气泡再循环到搅拌桨产生再循环
6～8 级	适用于大多数混合搅拌工艺过程 1. 比重差小于 1.0 互溶液混均 2. 高黏度差互溶液混均 3. 低黏度液体表面产生大波动	适用于大多数固液悬浮搅拌工艺过程,固液悬浮均匀 1. 颗粒在 95% 液体高度均匀 2. 悬浮液可从 80% 液体高度处排出	适用于常见气液分散的工艺过程 1. 可使气泡表面积达到一定的传质要求 2. 可使多数气泡产生再循环
9～10 级	适用于强烈混合搅拌工艺过程 1. 比重差较大互溶液混均 2. 高黏度差互溶液混均 3. 低黏度液体表面产生激烈波动	适用于完全均匀固液悬浮搅拌工艺过程 1. 颗粒在 98% 液体高度均匀 2. 悬浮液可溢流排出	适用于常见气液分散的工艺过程 1. 可使气泡表面积达到最大程度 2. 可使全部气泡产生再循环

4.4.1　常用搅拌器

搅拌器分标准型式和非标准型式两类，HG/T 3796.1～12 给出了 10 种标准型式搅拌器。在课程设计中，推荐两种常用的搅拌器。机械设计的重点是搅拌器的安装方式及其与轴连接的结构设计。

　　桨式搅拌器（HG/T 3796.3—2005）桨叶多为两叶，有直叶桨、斜叶桨和弧叶桨之分。其中斜叶桨式搅拌器如图 4-6 所示。搅拌器直径与罐体内径之比 D_J/D_1 常取 0.35～0.8，多用于转速 $n \leqslant 100 r/min$ 的场合。

　　桨式搅拌器与轴的连接常用螺栓对夹。当搅拌器直径 $D_J < 1000mm$ 时，应加紧定螺钉固定；当 $D_J \geqslant 1000mm$ 时，加穿孔螺栓或圆柱销固定。斜叶桨式搅拌器的主要参数见表4-9。

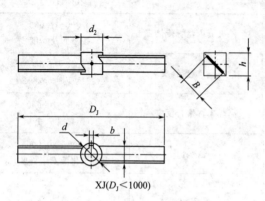

图 4-6　斜叶桨式搅拌器

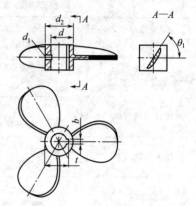

图 4-7　TXR 型三叶推进式搅拌器

表 4-9　斜叶桨式搅拌器的主要参数（摘自 HG/T 3796.3—2005）

主要尺寸/mm									许用扭矩 $M/(N \cdot m)$	参考质量 G/kg
D_J	d	d_1	d_2	δ	B	h	b	t		
200	25	M8	40	3	20	40	8	28.3	12	0.3
250	25	M8	40	3	25	40	8	28.3	14	0.4
300	30	M8	50	4	30	40	8	33.3	38	0.7
350	30	M8	50	6	35	40	8	33.3	79	1.0
400	35	M8	55	6	40	60	10	38.3	91	1.4
450	40	M8	65	6	45	60	12	43.3	102	1.9
500	40	M8	65	6	50	60	12	43.3	113	2.1
550	40	M8	65	6	55	60	12	43.3	195	2.7
600	50	M10	80	8	60	80	14	53.8	212	3.9
650	55	M10	85	8	65	80	16	59.3	230	4.5
700	60	M12	95	10	70	80	18	64.4	356	6.1
750	60	M12	95	10	75	80	18	64.4	382	6.6
800	65	M12	100	10	80	90	18	69.4	407	7.6
850	65	M12	100	10	85	90	18	69.4	433	8.2
900	70	M12	110	10	90	110	20	74.9	458	10.5
950	70	M12	110	12	95	110	20	74.9	658	12.5

　　桨式搅拌器可以单层或多层安装在轴上。最底层桨通常安装在与下封头焊缝等高的位置上；二层桨安装时，最上层桨通常安装在液面至底层桨距离的中间或稍高的位置上；三层及四层桨安装时，最上层桨通常安装在液面下 200mm 处，中间各层桨均布在上层桨和底层桨之间。

　　推进式搅拌器标准是 HG/T 3796.8—2005，该搅拌器类似风扇扇叶结构，多为三叶式，按旋向不同分为左旋式和右旋式。图 4-7 是标准中右旋推进式搅拌器。推进式搅拌器直径 D_J 常取罐体内径 D_1 的 $1/5 \sim 1/2$，以 $D_J = 0.33\,D_1$ 最为常见。常用于 $n = 100 \sim 500 \mathrm{r/min}$ 的场合。

　　推进式搅拌器常单层安装，一般安装在与下封头焊缝等高的位置上。它与轴是通过轴套用平键或紧定螺钉连接的，轴端加固定螺母。为防止螺纹腐蚀可加轴头保护帽，其轴头结构及轴头保护帽如图 4-8 所示。三叶推进式搅拌器的主要参数见表 4-10。此外，标准搅拌器还有框式和涡轮式等，它们的尺寸可参考有关标准。

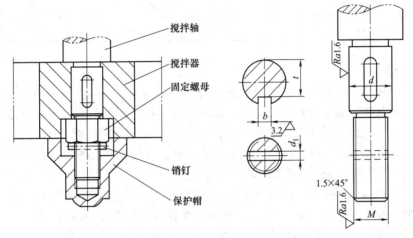

图 4-8　轴头结构及轴头保护帽

表 4-10　三叶推进式搅拌器的主要参数（摘自 HG/T 3796.8—2005）

D_J	d	d_2	d_1	θ_i	h	b	t	δ_1	δ_2	许用扭矩 $M/(\mathrm{N\cdot m})$	参考质量 G/kg
150	25	60	M12	38.5	45	8	28.3	10	5	48	1.3
200	30	60	M12	46.7	55	8	33.3	10	5	48	1.9
250	35	80	M12	44.8	60	10	38.3	10	5	96	2.9
300	35	80	M12	50.0	65	10	38.3	12	6	143	5.2
350	40	90	M16	51.1	80	12	43.3	12	7	196	6.4
400	45	90	M16	54.7	85	14	48.8	14	8	296	10.0
450	50	110	M16	52.5	105	14	53.8	14	8	385	12.6
500	55	110	M16	55.4	105	16	59.3	18	10	592	20.4
550	55	110	M16	57.9	115	16	59.3	18	10	665	26.4

续表

主要尺寸/mm										许用扭矩 $M/(\text{N} \cdot \text{m})$	参考质量 G/kg
D_J	d	d_2	d_1	θ_i	h	b	t	δ_1	δ_2		
600	60	110	M20	57.9	125	18	64.4	20	10	955	30.3
650	65	130	M20	57.9	135	18	69.4	20	10	960	36.4
700	70	140	M20	57.9	150	20	74.9	22	12	1056	40.8
750	70	140	M20	59.6	150	20	74.9	22	12	1200	52
800	75	150	M20	59.5	150	20	79.9	22	12	1300	65
850	80	160	M20	59.4	160	22	85.4	24	14	1681	72
900	80	160	M20	60.8	160	22	85.4	24	14	1972	89
950	90	160	M20	62.1	160	25	95.4	25	15	2101	98
1000	90	160	M20	63.3	160	25	95.4	25	15	2808	105

4.4.2 挡板

挡板是常用的搅拌附件之一。当搅拌器沿容器中心线安装,搅拌物料的黏度不大,搅拌转速较高时,液体将随着桨叶旋转方向一起运动,容器中心部分的液面下降,形成旋涡,降低混合效果。为了消除这种现象,通常在容器中加入挡板,把回转的切向流动改变为径向和轴向流动,增加了流体的剪切强度,改善搅拌效果。挡板宽度通常取容器内径的 1/12～1/10,一般设置 4～6 个挡板沿罐壁均匀分布直立安装。

挡板安装方式如图 4-9 所示。当物料为低黏度液体时,挡板与罐壁可紧贴无间隙,且与液体环向流成直角,如图 4-9(a)所示;当物料黏度较高,或固-液两相操作时,挡板与罐壁要留有间隙(常取 0.2 倍的挡板宽度),如图 4-9(b)所示;如果黏度更高时,为防止黏滞液体或固体颗粒堆积在挡板处形成死角,还可将挡板倾斜一个角度,倾斜方向与流体流动方向相同,如图 4-9(c)所示。挡板上缘可与液面齐平,或低于液面 100～150mm,挡板下缘一般与罐体下封头的切线齐平。

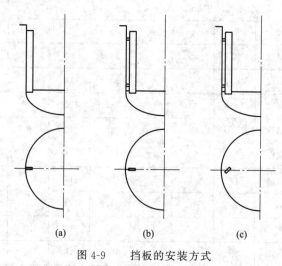

(a)　　　　　(b)　　　　　(c)

图 4-9　挡板的安装方式

4.5 反应釜的传动装置

反应釜的传动装置为搅拌器提供运动动力。传动装置一般包括电动机、变速器（减速机）、联轴器、搅拌轴（传动轴）、机架、安装底盖及凸缘法兰等，当搅拌轴较长时，为加工和安装方便，常将搅拌轴分段制造。安装搅拌器的部分称为搅拌轴或下轴，与减速机输出轴相连的轴称为传动轴或上轴。搅拌轴与传动轴采用刚性联轴器连接成一整体轴，如图 4-10 所示。

反应釜传动装置的设计内容一般包括：电动机的选型、变速器（减速机）的选型或设计；轴的支承条件的确定、轴上零件的选型及轴的设计；机架和底座选用或设计等。

4.5.1 常用电动机及其连接尺寸

搅拌设备通常采用电动机驱动。确定电动机型号应根据搅拌轴功率、安装形式和周围工作环境等因素确定。最常用的为 Y 系列全封闭自扇冷式三相异步电动机；当有防爆要求时，可选用 YB 系列。Y 系列三相异步电动机主要技术数据见表 E-5，表 E-6 列出 B35 型的主要安装尺寸及外形尺寸。

电动机功率必须满足搅拌器运转及传动装置、轴封装置功率损失的要求，还要考虑到有时在搅拌操作中会出现不利条件造成功率过大。

电动机功率可按下式确定

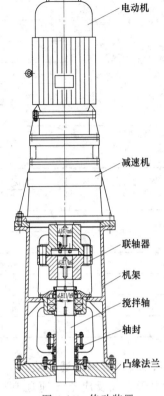

图 4-10 传动装置

$$P_d = \frac{P + P_m}{\eta} \tag{4-6}$$

式中 P_d——电动机功率，kW；

     P——搅拌器功率，kW；

     P_m——轴封装置的摩擦损失功率，kW；

     η——传动装置的机械效率（见表 4-11）。

表 4-11 搅拌机各零部件的传动效率（摘自 HG/T 20569—2013）

传动类型	传动型式	机械效率 η
摆线针轮传动	摆线针轮行星减速器	0.88～0.95
谐波齿轮传动	谐波减速器	0.80～0.90
圆柱齿轮传动	单级圆柱齿轮减速器	0.97～0.98
	双级圆柱齿轮减速器	0.95～0.96
圆锥齿轮传动	单级圆锥齿轮减速器	0.95～0.96
	双级（圆锥＋圆柱齿轮减速器）	0.94～0.95

图中标注：电动机、减速机、联轴器、机架、搅拌轴、轴封、凸缘法兰

续表

传动类型	传动型式	机械效率 η
蜗杆传动	自锁的	0.40～0.45
	单头蜗杆	0.70～0.75
	双头蜗杆	0.75～0.82
	三头蜗杆	0.82～0.92
	四头蜗杆	0.92～0.95
	圆弧蜗杆传动效率	0.85～0.95
链传动	开式传动(脂润滑)	0.90～0.93
	闭式传动(稀油润滑)	0.95～0.97
行星传动	NGW 行星齿轮减速器(一级)	0.97～0.99
	NGbiaW 行星齿轮减速器(二级)	0.94～0.97
轴承	滚动	0.98～0.99
	滑动	0.94～0.98
	无级变速器	0.85～0.94
	平皮带	0.92～0.98
	三角皮带	0.90～0.97
	同步带	0.93～0.98

4.5.2　釜用减速机类型、标准及其选用

由于立式反应釜转速通常较低，因而电动机多与变速器（减速机）组合使用，有时也采用变频器直接调速。釜用立式减速机主要类型有摆线针轮减速机、齿轮减速机和带传动减速机三大类，其基本特性见表 4-12。三大类减速机已列入 HG/T 3139.1～12《釜用立式减速机》标准。标准减速机的种类、名称、类型代号和特征参数见表 4-13，基本参数见表 4-14。

表 4-12　釜用立式标准减速机的基本特性

特性	减速机类型		
	摆线针轮减速机	齿轮减速机	带传动减速机
主要特点	该机具有体积小、质量轻、传动比大、传动效率高、故障少、使用寿命长、运转平稳可靠、拆卸方便、容易维修，以及承载能力强、耐冲击、惯性力矩小，适用于启动频繁和正反转的场合等特点	该机传动比准确，使用寿命长；在相同速比范围内，较之于其他传动装置，具有体积小、效率高、制造成本低、结构简单、装配检修方便等特点	该机结构简单，过载时会产生打滑现象，因此能起到安全保护作用；但皮带滑动也使其不能保证精确的传动比
应用条件	对过载和冲击有较强承受能力，可短期过载 75%，启动转矩为额定转矩的 2 倍，允许正反转，可用于有防爆要求的场合，与电动机直连供应，可依轴承寿命来计算容许的轴向力	允许正反旋转，可采用夹壳联轴器或弹性块式联轴器与搅拌轴连接；不允许承受外加轴向载荷或只允许使用在搅拌轴向力较小的场合，可用于有防爆要求的场合，与电动机直连供应	允许正反旋转，适用于环境温度为 −20～60℃，适宜的环境相对湿度为 50%～80%；但不能用于有防爆要求的场合，也不允许在传动带与油、酸、碱、有机溶剂接触或污染的环境下使用

表 4-13　釜用立式减速机种类、名称、类型代号与特征参数（摘自 HG/T 3139.1—2018）

种　类	减速机名称	类型代号	标准代号	特征参数
摆线针轮减速机	XL 系列摆线针轮减速机	XL	HG/T 3139.2	机型号
齿轮减速机	LC 系列圆柱齿轮减速机	LC	HG/T 3139.3	机型号（以中心距表示）
	LP 系列平行轴齿轮减速机	LPJ/LPB	HG/T 3139.4	机型号、级数型式代号
	FJ 系列圆柱圆锥齿轮减速机	FJ	HG/T 3139.5	机型号、结构型式代号
	CF 系列圆柱齿轮减速机	CF	HG/T 3139.6	机型号、结构型式代号
	ZF 系列直圆柱圆锥齿轮减速机	ZF	HG/T 3139.7	机型号、结构型式代号
	CW 系列圆柱齿轮、圆弧圆柱蜗杆减速机	CW	HG/T 3139.8	机型号（以蜗杆副中心距及支承跨距表示）
	KJ 系列可移式圆柱齿轮减速机	KJ	HG/T 3139.9	机型号
带传动减速机	P 系列带传动减速机	P	HG/T 3139.10	机型号
	FP 系列带传动减速机	FP	HG/T 3139.11	机型号
	YP 系列带传动减速机	YP	HG/T 3139.12	机型号

表 4-14　釜用立式标准减速机的基本参数（摘自 HG/T 3139.1—2018）

减速机名称	级数	输入功率/kW	传动比 i	输出轴转速/(r/min)	输出轴许用转矩/N·m	输出轴传动方向
XL 系列摆线针轮减速机	单级	0.04～90	9～87	11～160	25～30000	
	两级	0.04～15	121～5133	0.29～12.4	120～30000	双向
	三级	0.09～3	5841～658503	—	500～30000	
LC 系列圆柱齿轮减速机	两级	0.55～315	4～12	65～370	89.5～15000	双向
LP 系列平行轴齿轮减速机	单级	1.5～37	2～3.6	415～750	100～850	
	两级	0.55～250	4.5～22	34～330	150～32000	双向
	三级	0.55～250	14～63	16～105	250～35000	
FJ 系列圆柱圆锥齿轮减速机	两级	0.55～355	10～20	50～150	120～35000	双向
	三级	0.75～160	23～80	12～43	350～35000	
CF 系列圆柱齿轮减速机	两级	0.25～90	4～25	60～360	100～7000	双向
	三级	0.25～90	22.4～125	12～68	100～7000	
ZF 系列直圆柱圆锥齿轮减速机	三级	0.25～90	7.1～112	13～200	200～16000	双向
CW 系列圆柱齿轮、圆弧圆柱蜗杆减速机	两级	0.55～45	16～80	12～90	310～6200	双向
KJ 系列可移式圆柱齿轮减速机	单级	0.18～7.5	2.74～4.73	200～520	16～245	双向
P 系列带传动减速机	单级	0.55～22	2.96～4.53	200～500	58～720	双向
FP 系列带传动减速机	单级	4～90	2.45～4.53	160～400	720～7000	双向
YP 系列带传动减速机	单级	65～380	4～5.9	82～145	6250～37000	双向
			2.36～3.9	125～250	4800～25000	

　　釜用减速机的选择往往通过类比方法进行，计算分析所得数据可作选型参考。选择前一般应已知的条件是：搅拌所需转速及搅拌轴功率（或所配电机功率）和工况的特殊要求等，并参照以下原则选用。

① 应优先选用标准减速机以及专业厂生产的产品。

② 应考虑减速机在振动和载荷变化情况下工作的平稳性，并连续工作。

③ 当输出轴旋转方向要求正反双向传动时，不宜选用蜗轮蜗杆减速机。

④ 易燃、易爆的工作环境，不宜采用带传动减速机，否则须有防静电措施。

⑤ 搅拌轴向力原则上不应由减速机轴承承受，若必须由减速机轴承承受时，需经验算核定。

⑥ 减速机额定功率应大于或等于正常运行中减速机输出轴的传动效率（包括搅拌轴功率、轴封处摩擦功耗以及机架上传动轴承损耗等功率之总和），同时还必须满足搅拌设备开车时启动轴功率增大的要求。

⑦ 输出轴转速应与电动机转速相匹配，并与工作要求的搅拌转速相一致。当不一致时，可在满足工艺过程要求的前提下相应改变搅拌转速。

⑧ 输入和输出轴相对位置的选择应适合釜顶或釜底传动布置的要求。

⑨ 外形尺寸要满足安装及检修的要求。釜顶传动装置一般应采用单台立式传动机构。

⑩ 选用减速机时应对使用环境、工厂制造水平、检修能力、造价高低以及其他特殊要求（如噪声）等因素进行综合考虑。

根据以上原则，先根据反应釜搅拌传动所需要的电机功率、搅拌轴转速（即减速机输出轴转速），再根据其他具体条件综合考虑，类比确定较适用的减速机。如果已知条件为输出轴转矩，应采用式（4-7）将转矩 T 转化为功率 P

$$P = \frac{Tn}{9550i\eta} \tag{4-7}$$

式中　P——功率，kW；

　　　T——输出转矩，N·m；

　　　n——输出转速，r/min；

　　　i——总传动比；

　　　η——总传动效率。

此外，还应考虑其他条件，如有无防爆要求，是单向还是双向传动，是连续还是间歇传动等，同时还要考虑维修条件对减速机空间位置的要求。

4.5.3　带传动减速机

根据本课程设计（适合工艺类学生）的特点，推荐选用带传动减速机。带传动减速机的特点是：结构简单，制造方便，价格低廉，能防止过载，噪声小，但不适用于防爆场合。带传动减速机有普通 V 带、窄 V 带、同步带等型式，其外形见图 4-11（a），基本型式和主要尺寸见图 4-11（b）。

以普通 V 带为例，介绍带传动减速机的设计。V 带减速机的设计包括 V 带的选型和带轮设计两部分。

普通 V 带的截面形状、尺寸及设计计算见参考文献 [1] 第十三章的计算。

4.5.4　凸缘法兰

凸缘法兰一般焊接于搅拌容器封头上，用于连接搅拌传动装置，亦可兼作安装、维修、检查用孔。凸缘法兰分整体和衬里两种结构型式，密封面分突面（R）和凹面（M）两种。其中 R 型突面凸缘法兰见图 D-4，M 型凹面凸缘法兰见图 D-5，尺寸见表 D-6。凸缘法兰焊接结构详图见图 D-6。

4.5.5　安装底盖

安装底盖采用螺柱等紧固件，上与机架连接，下与凸缘法兰连接（见图 4-12），是整个搅拌传动装置与容器连接的主要连接件。

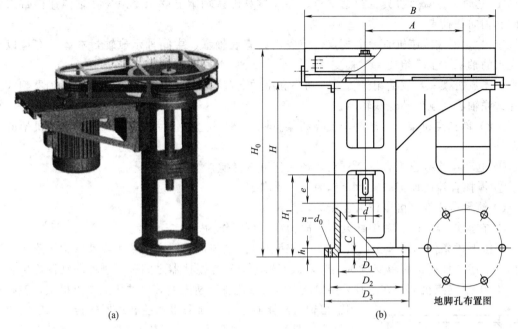

图 4-11 V 带传动减速机

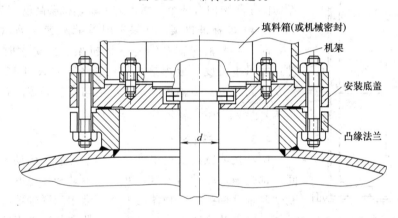

图 4-12 安装底盖、机架、凸缘法兰、轴封的组配图

安装底盖的常用型式为 RS 型和 LRS 型（见图 D-7），其他结构（整体或衬里）、密封面型式（突面或凹面）以及传动轴的安装形式（上装或下装），按 HG/T 21565 选取。

安装底盖的公称直径与凸缘法兰相同。型式选取时应注意与凸缘法兰的密封面配合（突面配突面，凸面配凹面）。安装底盖的主要尺寸见表 D-7 和表 D-8。

4.5.6 机架

如图 4-12 所示，立式搅拌设备传动装置大多是通过机架、安装底盖安装在搅拌设备封头上的。机架上端与变速器（减速机）连接尺寸相匹配，下端采用螺柱与安装底盖连接。目前，单支点机架和双支点机架有行业标准，当标准机架不能满足要求时，需要根据具体结构自行设计。

根据轴的支承条件，机架分为无支点机架、单支点机架和双支点机架。

（1）无支点机架 常用的无支点机架见图 E-1，其主要尺寸见表 E-7。

无支点机架的选用条件：

①　电动机或减速机具备两个支点，并经核算确认轴承能够承受由搅拌轴传递而带来的径向和轴向载荷者。

②　电动机或减速机有一个支点，但釜内设有底轴承、中间轴承或轴封本体设有可以作为支点的轴承，上下组成一对轴支撑者。

无支点机架一般仅适用于传递小功率和小轴向载荷的条件。减速器输出轴联轴器型式为夹壳式联轴器或刚性凸缘联轴器。

（2）单支点机架　标准的单支点机架见图 E-2，其主要尺寸见表 E-8。单支点机架的选用条件：

①　电动机或减速机有一个支点，经核算可承受搅拌轴的载荷；

②　搅拌容器内设置底轴承，作为一个支点；

③　轴封本体设有可以作为支点的轴承；

④　在搅拌容器内、轴中部设有导向轴承，可以作为一个支点者。

当按上述条件选用单支点机架时，减速器输出轴与搅拌器之间采用弹性联轴器连接；当不具备上述条件而选用单支点机架时，减速器输出轴与搅拌器之间采用刚性联轴器连接。

（3）双支点机架　在不宜采用单支点机架或无支点机架时，可选用双支点机架，但减速器输出轴与搅拌器之间必须采用弹性联轴器连接。标准的双支点机架见图 E-3，其主要尺寸见表 E-9。选用双支点机架时必须考虑由于机架内有两个支承点的关系，机架高度相应增大。

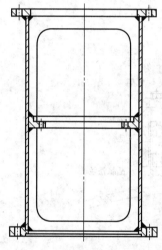

图 4-13　焊接非标准机架

（4）非标准机架　如果选用 V 带减速机等无法选用标准机架时，需要根据轴系结构设计机架。批量大时，可采用铸件；批量小可设计成焊接结构的机架，如图 4-13 所示。上法兰及中间法兰安装轴承座，下法兰与安装底盖配合。采用大直径钢管将三个法兰焊接在一起。

4.5.7　联轴器

电动机或减速机输出轴与传动轴之间及传动轴与搅拌轴之间，都是通过联轴器连接，并传递运动和转矩的。联轴器分为刚性联轴器和弹性联轴器两大类。常用的联轴器有弹性块式联轴器、刚性凸缘联轴器、夹壳联轴器和紧箍夹壳联轴器等。刚性凸缘联轴器主要型式和尺寸见表 E-10；弹性套柱销联轴器主要型式和尺寸见表 E-11。

搅拌轴分段时，其自身的连接必须采用刚性联轴器。搅拌轴（传动轴）与变速器（减速机）或电动机出轴间的联轴器按轴不同的支承条件进行选取。

4.5.8　搅拌轴设计

搅拌轴的设计包括材料选用、结构确定、支承条件确定和强度计算等内容。

4.5.8.1　搅拌轴的材料

搅拌轴的材料以 45 钢应用最广，当介质有腐蚀等要求时，应采用不锈钢材料。当搅拌轴分段安装时，搅拌轴和传动轴可根据其接触介质的情况，分别采用不同的材料。常用材料及其主要力学性能见参考文献［1］第十七章表 17-1。

4.5.8.2　搅拌轴的结构

搅拌轴的结构可采用实心轴或空心轴，结构形式根据轴上安装的搅拌器类型、支承的结构和数量以及与联轴器的连接要求而定，还要考虑腐蚀等因素的影响。其中连接桨式和框式搅拌器的轴头较简单，因用螺栓对夹，所以用光轴即可；连接推进式和涡轮式搅拌器的轴头需车削台肩，开键槽，轴端还要车螺纹，如图 4-8 所示。

4.5.8.3　搅拌轴的支承条件

搅拌轴的支承条件对其刚度影响较大。按支承情况，搅拌轴分为悬臂式和单跨式。悬臂式搅拌轴在搅拌设备内部不设置中间轴承或底轴承，因而维护检修方便，特别对洁净度要求较高的生物、食品、药品搅拌设备或介质腐蚀性较高的搅拌设备，减少了设备内的构件，故应优先选用。

常见的悬臂式搅拌轴支承条件有图 4-14 三种情况。图 4-14（a）：一个支点为变速器输出轴上的滚动轴承，另一个支点为轴封处设置的滑动或滚动轴承，其中一个支点能承受液体搅拌所产生的轴向力，选用无支点机架，变速器与搅拌轴的连接用刚性联轴器，适用于功率小于 4kW 的小型搅拌设备。图 4-14（b）：一个支点为变速器输出轴上的滚动轴承，另一个支点设置在单支点机架的轴承处，其液体搅拌所产生的轴向力主要由机架轴承承受，变速器与搅拌轴的连接用刚性联轴器，适用于中、小型搅拌设备。图 4-14（c）：采用双支点机架，机架上两个滚动轴承做支点，承受液体搅拌所产生的全部轴向力，变速器与搅拌轴的连接采用弹性联轴器，适用于大型搅拌设备、搅拌轴载荷较大或搅拌密封要求较高的场合。

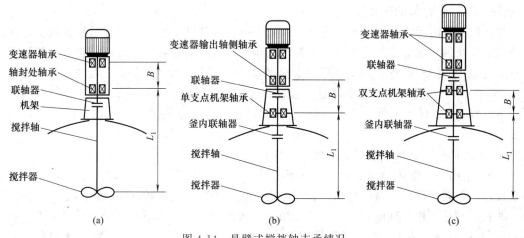

图 4-14　悬臂式搅拌轴支承情况

为保证搅拌轴悬臂稳定性，轴的悬臂长 L_1、轴径 d 和两支点（轴承）间距 B（见图 4-15）应满足下列关系

$$L_1/B \leqslant 4 \sim 5 ; \quad L_1/d \leqslant 40 \sim 50 \tag{4-8}$$

若轴封处能起支承作用，式（4-8）中 B 算至轴封处。当 d 的裕量较大，搅拌器经过平衡和轴转速较低时，L_1/B 及 L_1/d 取偏大值，否则取偏小值。

当不满足式（4-8）要求时，可增大 d、B，或增设中间轴承或底轴承（图 4-16）。但因釜内轴承工作条件差、检修也困难，因此一般条件下不主张在釜内设置轴承。

搅拌轴的支承常采用滚动轴承，滚动轴承的计算、选择见参考文献 [1] 第十八章。反应釜搅拌轴的滚动轴承，通常根据转速、载荷的大小及轴径 d 选择，高转速、轻载荷可选用角接触球轴承；低速、重载荷可选用圆锥滚子轴承。成对安装的轴承，当温度变化较大时，应优先采用背对背安装。轴承型号及主要尺寸见表 E-1～表 E-4。

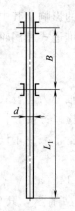

图 4-15 搅拌轴支承尺寸

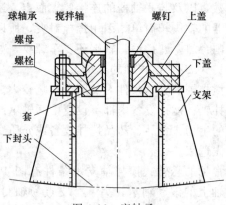

图 4-16 底轴承

安装轴承处轴的公差带常采用 k6 或 m6，外壳孔的公差带常采用 H7。安装轴承处轴的配合表面粗糙度 Ra 取 0.8~1.6，外壳孔与轴承配合表面粗糙度 Ra 取 1.6。

一般搅拌轴要求运转平稳，为防止轴弯曲对轴封处的不利影响，轴安装和加工要控制轴的直度。当转速 $n < 100 r/min$ 时，直线度允差 1000：0.15，当转速 $n = 100 ~ 1000 r/min$ 时，直线度允差 1000：0.1。轴的配合面的配合公差和表面粗糙度可按所配零件的标准要求选取。

4.5.8.4 搅拌轴的计算

搅拌轴通常既承受转矩又承受弯矩，一般先按转矩初估最小轴径，然后根据轴上零件的安装和定位及轴的制造工艺等要求进行轴的结构设计，最后按第三强度理论进行弯扭强度校核。结构设计时要注意，确定的搅拌轴的直径需要圆整到标准直径系列。对于转速 > 200 r/min 的，还要进行临界转速的校核。轴的强度计算和校核按参考文献 [1] 第十七章。下面以表 4-1 任务书所给条件为例，说明选用 V 带减速机带传动上轴（图 4-17）的计算步骤。

(1) 材料 上轴材料选用常用材料 45 钢。

(2) 结构 V 带传动的上轴一端（第①段）安装有大带轮，另一端（第⑥段）安装刚性联轴器，带轮和联轴器与轴均采用普通平键连接，考虑带轮的轴向定位，第②段轴加有轴肩，并在轴端采用挡圈轴向固定。上轴采用一对角接触球轴承或圆锥滚子轴承做支点（第③段和第⑤段），轴承两端（第②段和第④段）轴上装有轴承压盖，并采用毡圈密封防尘，结构简图见图 4-17。

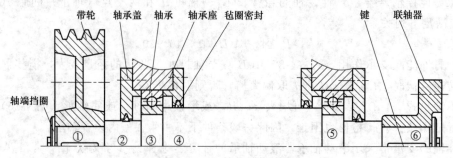

图 4-17 上轴的结构简图

(3) 确定最小轴径 由于上轴主要受转矩，故取转矩初估最小轴径，轴上开有一个键槽，轴径扩大并圆整后，取最小轴径为 40mm，见表 4-15。

（4）由结构确定其他各段轴径及长度　带轮采用轴肩轴向定位，第②段轴的直径 $d_2=$ 45mm，取轴端挡圈（见表 E-16）公称直径 50mm。根据带轮的设计，带轮毂孔的长度 $L=$ 60mm，为了保证轴端挡圈只压在带轮上而不压在轴的端面上，轴的长度应取略短些，取第 ①段轴的长度 $L_1=58$mm。带轮和联轴器与轴的连接用普通平键，查表 E-15，选用平键 $12\times8\times40$。带轮和联轴器与轴的配合选 js6。

表 4-15　轴的强度计算步骤和示例

步骤	项目及代号	参数及结果	备　　注
1	轴功率 P,kW	1.4	由工艺条件确定
2	轴转数 n,r/min	50	由工艺条件确定
3	轴材料	45	常用
4	轴所传递的转矩 $T=9550\dfrac{P}{n}$,N·m	267.4	按参考文献[1]第十七章计算
5	材料许用扭转切应力 $[\tau]$,N/mm²	35	按参考文献[1]第十七章表 17-3
6	系数 A	112	按参考文献[1]第十七章表 17-3
7	轴端直径 $d\geqslant A\sqrt[3]{\dfrac{P}{n}}$,mm	34	按参考文献[1]第十七章式(17-2)计算
8	开一个键槽,轴径扩大 5%,mm	35.7	按参考文献[1]第十七章计算
9	圆整轴端直径 d,mm	40	圆整选取

（5）轴承选取　轴承同时承受径向力及轴向力的作用，转速较高，轻载荷，可选用角接触球轴承；如低速、重载荷可选用圆锥滚子轴承。考虑其安装与调整，采用正装方式。初选轴承 7210C，查表 E-1，其尺寸为 $d\times D\times B=50\times90\times20$。确定第③段直径 $d_3=50$mm，轴的长度 $L_3=20$mm。轴承采用轴肩定位，第④段轴的直径 $d_4=57$mm。考虑轴承的密封和固定，第②段轴上装有轴承盖（见表 E-20），可选用旋转轴唇形密封圈（见表 E-17 和表 E-18）。轴承选择可按参考文献 [1] 第十八章，轴与轴承内圈采用过渡配合，取其直径尺寸公差为 k6 或 m6。轴承的轴向距离按搅拌釜支承条件确定。

搅拌轴与上轴采用联轴器连接，当选用刚性联轴器（例如凸缘联轴器，表 E-10）时，两轴当作一个整体进行设计和校核，依靠上轴的一对轴承作为支承。当搅拌轴的转速 $n>$ 200r/min 时，还要进行临界转速的校核。

4.5.8.5　搅拌轴的临界转速校核计算

搅拌轴上装有搅拌器，往往由于结构不对称、加工安装有误差等原因，使回转中心离开其几何轴线而产生回转离心力，使轴受到周期性载荷干扰。当周期载荷的频率与搅拌轴的自然频率接近时，轴便发生剧烈振动，这种现象称为轴的共振。产生共振时，搅拌轴的转速称为临界转速。

轴的临界转速有许多阶，最低一阶，称为一阶临界转速 n_k，还有二阶和三阶等。工程上将工作转速低于一阶临界转速的轴称为刚性轴，超过一阶临界转速的轴称为挠性轴。

搅拌轴的转速 $n>200$r/min 时，都应作临界转速校核。一般搅拌轴常设计成刚性轴，使 $n\leqslant(0.75\sim0.8)n_k$。

当轴上装有单层且经过很好平衡的搅拌器时，其一阶临界转速 n_k 为

$$n_k = \frac{30}{\pi} \sqrt{\frac{3EIg}{WL_1^2(L_1+a)}} = 29.91 \sqrt{\frac{3EI}{WL_1^2(L+a)}} \, (\text{r/min}) \tag{4-9}$$

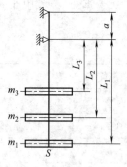

图 4-18　等直径悬臂轴

当如图 4-18 所示等直径悬臂轴装有 m 层搅拌器时，忽略搅拌器的回转效应，以悬臂轴末端 S 为转化点，则轴的有效质量 m_{L1e} 在 S 点处的相当质量 W 按式（4-10）计算，第 i 个搅拌器有效质量 m_{ie} 在 S 点处的相当质量 W_i 应按式（4-11）计算，在 S 点处所有相当质量的总和 W_S 按式（4-12）计算；装有 m 层搅拌器的等直径悬臂轴一阶临界转速 n_k 按式（4-13）计算

$$W = \frac{140a^2 + 231L_1a + 99L_1^2}{420(L_1+a)^2} m_{L1} \tag{4-10}$$

$$W_i = \frac{L_i^2(L_i+a)}{L_1^2(L_1+a)} m_{ie} \tag{4-11}$$

$$W_S = W + \sum_{i=1}^{m} W_i \tag{4-12}$$

$$n_k = 29.91 \sqrt{\frac{3EI}{L_1^2(L_1+a)W_S}} \tag{4-13}$$

式中　a——悬臂轴两支点间距离，mm；

E——轴材料的弹性模量，MPa；

I——轴的惯性矩，$I = \dfrac{\pi d^4}{64}$（d 为直径），mm^4；

m_{L1}——悬臂轴 L_1 段轴的质量，$m_{L1} = \dfrac{\pi}{4} d^2 L_1 \rho_S \times 10^{-9}$，kg；

L_i——第 i 层搅拌器悬臂长度，mm；

ρ_S——轴材料的密度，kg/m^3。

轴上联轴器的等效重量载荷与搅拌器同样处理。

4.6　反应釜的轴封装置

轴封装置是搅拌设备的一个重要组成部分。其任务是保证搅拌设备内处于一定的正压和真空状态以及防止反应物料逸出和杂质的渗入。鉴于搅拌设备以立式容器中心顶插式搅拌为主，很少满釜操作，轴封的对象主要为气体；而且搅拌设备由于反应工况复杂，轴的偏摆振动大，运转稳定性差等特点，故不是所有形式的轴封都能用于搅拌设备上。

反应釜搅拌轴处的轴封属于动密封，常用的有填料密封和机械密封两种形式，它们都有标准，设计时可根据要求直接选用。

4.6.1　填料密封

填料密封是搅拌设备最早采用的一种轴封结构，如图 4-19 所示。它的基本结构由填料、填料箱、压盖、压紧螺栓及油环等组成。因其结构简单、易于制造，在搅拌设备上曾得到广泛应用，一般用于常压、低压、低转速及允许定期维护的搅拌设备。

当采用填料密封时，应优先选用标准填料箱。标准填料箱中，HG/T 21537.7 为碳钢填

料箱，HG/T 21537.8 为不锈钢填料箱，标准填料箱结构形式见图 E-4，明细栏见表 E-12，主要尺寸见表 E-13。填料箱均分为 0.6MPa、1.6MPa 两档规格。$PN0.6MPa$ 为五个填料环，$PN1.6MPa$ 为七个填料环。

填料箱密封的选用还应注意以下几方面。

① 当填料箱的结构和填料的材料选择合理，并有良好润滑和冷却条件时，可用于较高的工作压力、温度和转速条件下。

② 当填料无冷却、润滑时，转轴线速度不应超过 1m/s。

③ 当搅拌容器内介质温度大于 200℃时，应对填料密封进行有效冷却。

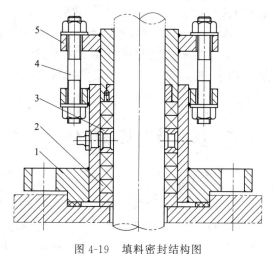

图 4-19　填料密封结构图

1—填料箱；2—填料；3—油环；4—压紧螺栓；5—压盖

④ 当从填料箱油环中压注密封润滑液时，润滑液压力一般应略高于被密封介质的压力，以防止容器内介质的泄漏。采用密封润滑液时，润滑液流入容器内对工艺性能有影响时，应在填料箱下端轴上设置储油环。

⑤ 填料箱一般可不设支承套，应将搅拌轴的支承设置在机架上。

4.6.2　机械密封

机械密封是一种功耗小、泄漏率低、密封性能可靠、使用寿命长的转轴密封。主要用于有腐蚀、易燃、易爆、剧毒及带有固体颗粒的介质工作的有压和真空设备。

机械密封的基本结构见图 4-20。

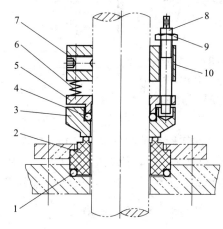

图 4-20　机械密封的基本结构

1—静环密封圈；2—静环；3—动环；4—动环密封圈；5—推环；6—弹簧；7—紧定螺钉；8—传动螺钉；9—螺母；10—弹簧座

由于反应釜多采用立式结构，转速低，但搅拌轴直径大、尺寸长，摆动和振动较大，故机械密封常采用外装式（静环装于釜口法兰外侧）、小弹簧（补偿机构中含有多个沿周向分布的弹簧）、旋转式（弹性元件随轴旋转）结构；当介质压力、温度低且腐蚀性不大时，可采用单端面（由一对密封端面组成）、非平衡型（载荷系数 $K \geqslant 1$）机械密封。当介质压力、温度高或介质易燃、易爆、有毒时，应采用双端面（由两对密封面组成）、平衡型（载荷系数 $K < 1$）机械密封。

应用于反应釜上的机械密封结构形式很多，且大多有标准。图 E-5 和表 E-14 给出 202 型机械密封结构及主要尺寸，供设计时参考。

当搅拌设备采用机械密封时，在下列情况下，应采用必要的措施，以便保证密封使用性能，提高使用寿命。

① 当密封腔介质温度超过 80℃时，对单端面和双端面机械密封，都应采用冷却措施；

② 为防止密封面干摩擦，对单端面机械密封，应采取润滑措施；

③ 当采用双端面机械密封时，应采用密封液系统，向密封端面提供密封液，用于冷却、

润滑密封端面；

④ 必要时，应对润滑液、密封液进行过滤；

⑤ 当采用润滑及密封液系统时，需考虑一旦润滑液、密封液漏入搅拌容器内，应不影响容器内物料的工艺性能，不会使物料变质，必要时应采用缓冲液杯和漏液收集器等防污染措施。

4.7　反应釜的其他附件

4.7.1　设备法兰

当筒体与上封头用法兰连接时，常采用甲型平焊法兰连接，这是压力容器法兰中的一种，甲型平焊法兰的选用见参考文献 [1] 第十二章第一节。甲型平焊法兰密封面结构常用平密封面和凹凸密封面两种。平密封面法兰见图 D-1，凹凸密封面法兰见图 D-2，带衬环甲型平焊法兰见图 D-3，其主要尺寸见表 D-4。

甲型平焊法兰的工作温度为 $-20 \sim 300℃$，不同使用温度下最大允许工作压力按参考文献 [1] 表 12-3 的规定，常用甲型平焊法兰质量见表 D-5。

夹套与筒体的焊接点与法兰距离要考虑到装拆螺栓的方便，一般不小于 $150 \sim 200mm$（见图 4-21），夹套有保温层时取大值。

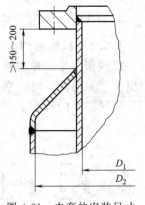

图 4-21　夹套的安装尺寸

4.7.2　支座

夹套反应釜多为立式安装，最常用的支座为耳式支座。标准耳式支座（NB/T 47065.3—2018）分为 A 型（短臂）、B 型（长臂）和 C 型（加长臂）三种。当设备需要保温或直接支承在楼板上时选 B 型或 C 型，否则选 A 型。A 型耳式支座见图 D-8，B 型耳式支座见图 D-9，其主要尺寸见表 D-9。

耳式支座的垫板厚度一般与容器厚度相同，也可根据实际需要确定。支座的底板和筋板材料分 Q235B（代号Ⅰ）、S30408（代号Ⅱ）和 15CrMoR（代号Ⅲ）三种，垫板材料一般应与容器材料相同。

耳式支座的选用，首先根据公称直径 DN 和耳式支座的实际载荷 $Q(kN)$ 选取一标准耳式支座，并使 $Q \leqslant [Q]$；再校核耳式支座处圆筒所受的支座弯矩 M_L，使 $M_L \leqslant [M_L]$；最后计算支座的安装尺寸 D。每台反应釜常用 4 个支座，但作承重计算时，考虑到安装误差造成的受力情况变坏，应按两个支座计算。

耳式支座实际承受载荷的计算见式（4-14）

$$Q = \left[\frac{m_0 g + G_e}{kn} + \frac{2(Ph + G_e S_e)}{nD} \right] \times 10^{-3} \tag{4-14}$$

式中　Q——支座实际承受的载荷，kN；

　　　D——支座安装尺寸，mm；

　　　g——重力加速度，取 $g = 9.81 m/s^2$；

　　　G_e——偏心载荷（包括管道推力引起的当量载荷），N；

　　　h——水平力作用点至底板高度，mm；

　　　k——不均匀系数，安装 3 个支座时，取 $k=1$，安装 3 个以上支座时，取 $k=0.83$；

m_0——设备总质量（包括壳体及其附件，内部介质及保温层的质量），kg；

　n——支座数量；

　S_e——偏心距（包括管道推力引起的当量偏心距），mm；

　P——水平力，取 P_e 和 $P_e+0.25P_W$ 的大值，N。

耳式支座处圆筒所受的支座弯矩 M_L 的计算见式（4-15）

$$M_L=\frac{Q(l_2-s_1)}{10^3}\leqslant[M_L] \tag{4-15}$$

式中　M_L——耳式支座处圆筒所受的支座弯矩，kN·m；

　$[M_L]$——耳式支座处圆筒的许用弯矩，必要时查 NB/T 47065.3—2018 附录 B，kN·m；

　s_1、l_2——耳式支座尺寸，查表 D-9 中相应的尺寸。

耳式支座的安装尺寸 D 的计算见式（4-16）。

$$D=\sqrt{(D_i+2\delta_n+2\delta_3)^2-b_2^2}+2(l_2-s_1) \tag{4-16}$$

式中　　　D——耳式支座的安装尺寸，mm；

　　　D_i——容器内径，mm；

　　　δ_n——壳体名义厚度，mm；

s_1、b_2、l_2、δ_3——耳式支座尺寸，查表 D-9 中相应的尺寸。

4.7.3　手孔和人孔

手孔和人孔的设置是为了安装、拆卸、清洗和检修设备的内部装置。

手孔直径一般为 $150\sim250$mm，工人戴上手套并握有工具的手能方便地通过。

闭式反应釜的直径大于 1000mm 时，应开设人孔。人孔的形状有圆形和椭圆形两种。圆形人孔制造方便，应用较为广泛。人孔的大小及位置应以人进出设备方便为原则，对于反应釜，还要考虑搅拌器的尺寸，以便搅拌轴及搅拌器能通过人孔放入罐体内。

手孔和人孔的种类较多，且大部分有标准。带颈平焊法兰手孔（HG/T 21530）的基本结构见图 D-10。表 D-10 列出标准带颈平焊法兰手孔主要尺寸。图 D-11 为回转盖带颈平焊法兰人孔（HG/T 21517）的基本结构。回转盖带颈平焊法兰人孔的主要尺寸见表 D-11。

4.7.4　设备接口

化工容器及设备，往往由于工艺操作等原因，在筒体和封头上需要开一些各种用途的孔。

4.7.4.1　接管与管法兰

接管和管法兰是用来与管道或其他设备连接的。标准管法兰的主要参数是公称直径和公称压力，还有材料、压力、温度额定值等。

管法兰分 PN 系列（欧洲体系）和 Class 系列（美洲体系），PN 系列管法兰的公称压力等级用 PN 表示，包括 $PN2.5$、$PN6$、$PN10$、$PN16$、$PN25$、$PN40$、$PN63$、$PN100$ 和 $PN160$ 九个等级；Class 系列管法兰的公称压力等级用 Class 表示，包括 Class150（$PN20$）、Class300（$PN50$）、Class600（$PN110$）、Class900（$PN150$）、Class1500（$PN260$）和 Class2500（$PN420$）六个等级。

PN 系列管法兰公称尺寸用 DN 表示，根据钢管外径分 A、B 两个系列，A 系列为国际通用系列（俗称英制管），B 系列为国内沿用系列（俗称公制管）。采用 B 系列钢管的法兰，应在公称尺寸 DN 的数值后标记"B"以示区别；A 系列钢管的法兰则不必标记"A"。Class 系列管法兰公称尺寸用 NPS（DN）表示，PN 系列管法兰公称尺寸和钢管外径按表 4-16 的规定；Class 系列管法兰公称尺寸和钢管外径按表 4-17 规定。

表 4-16　PN 系列管法兰公称尺寸和钢管外径　　　　　　mm

公称尺寸 DN		10	15	20	25	32	40	50	65	80	100	125	150
钢管外径	A	17.2	21.3	26.9	33.7	42.4	48.3	60.3	76.1	88.9	114.3	139.7	168.3
	B	14	18	25	32	38	45	57	76	89	108	133	150
公称直径 DN		200	250	300	350	400	450	500	600	700	800	900	1000
钢管外径	A	219.1	273	323.9	355.6	406.4	457	508	610	711	813	914	1016
	B	219	273	325	377	426	480	530	630	720	820	920	1020

表 4-17　Class 系列管法兰公称尺寸和钢管外径　　　　　　mm

	DN	10	15	20	25	32	40	50	65	80	100
公称尺寸	NPS	—	1/2	3/4	1	1¼	1½	2	2½	3	4
钢管外径		—	21.3	26.9	33.7	42.4	48.3	60.3	76.1	88.9	114.3
	DN	125	150	200	250	300	350	400	450	500	600
公称直径	NPS	5	6	8	10	12	14	16	18	20	24
钢管外径		139.7	168.3	219.1	273	323.9	355.6	406.4	457	508	610

　　管法兰分板式平焊法兰（PL）、带颈平焊法兰（SO）、带颈对焊法兰（WN）等类型，法兰密封面主要有突面（RF）、凹面（FM）、凸面（M）、榫面（T）、槽面（G）等型式。图 D-12 为标准平焊钢制管法兰结构图（HG/T 20592）。欧洲体系（PN 系列）PN16 突面（RF）板式平焊（PL）钢制管法兰及紧固件主要尺寸见表 D-12；欧洲体系（PN 系列）PN16 突面（RF）带颈平焊（SO）钢制管法兰及紧固件主要尺寸见表 D-13；欧洲体系（PN 系列）PN25 突面（RF）带颈对焊（WN）钢制管法兰及紧固件主要尺寸见表 D-14。

　　管法兰材料应符合有关标准的规定，并按工作温度下的最高允许工作压力选择合理的公称压力等级。当工作压力较低时，考虑法兰的刚度，可选较高的法兰公称压力等级。

　　法兰密封面应进行机械加工，通常表面粗糙度取 $Ra3.2\sim6.3\mu m$。法兰螺栓孔应跨中均布。

　　接管的伸出长度一般为从法兰密封面到壳体外径为 150mm，当考虑设备保温等要求时，可取伸出长度为 200mm。

4.7.4.2　补强圈

　　容器开孔后由于壳体材料的削弱，出现开孔应力集中现象。因此，要考虑补强。补强圈就是用来弥补设备壳体因开孔过大而造成的强度损失的一种最常用形式。补强圈形状应与被补强部分相符，使之与设备壳体密切贴合，焊接后能与壳体同时受力。补强圈上有一小螺纹孔（M10），焊后通入压缩空气，以检查焊缝的气密性。补强圈的厚度和材料一般均与设备壳体相同。标准补强圈（JB/T 4736）结构及坡口型式如图 D-15。补强圈的外径尺寸见表 D-15。

　　筒体和封头适用的开孔范围及不另行补强的最大开孔直径等规定见参考文献 [1] 第十二章第三节的相关内容。

4.7.4.3　液体进料管

　　液体进料管一般从顶盖引入。进料管应深进罐体内并且下端的开口截成 45°角，开口方向朝着设备中心，以防止冲刷罐体，减少物料对壁面的腐蚀。常见结构如图 4-22 所示，图

（a）为比较简单的固定式；图（b）为可拆式，进料管能够抽出，清洗、检修比较方便，用于易磨蚀、堵塞的物料；图（c）也为固定式，但进料管下端浸没在物料中，可减少进料冲击液面产生气泡，有利于稳定液面。管上开小孔是为了防止虹吸现象。

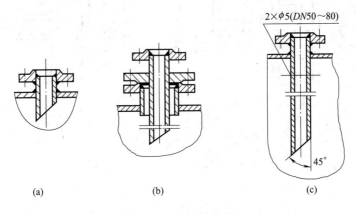

图 4-22　液体进料管

4.7.4.4　液体出料管

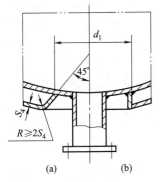

图 4-23　液体出料管

出料管结构设计主要从物料易放尽、阻力小和不易堵塞等因素考虑。另外还要考虑温差应力的影响。图 4-23 为两种常用的结构。当釜壁温度与夹套壁温相等时，采用图（a）结构，否则采用图（b）结构。图中 d_1 尺寸参见表 4-18。

表 4-18　出料管尺寸

管径公称直径 DN	≥25	≥50	≥100
d_1	75+DN	100+DN	160+DN

4.7.4.5　夹套进气管

当夹套装有进气管时，为防止气体直冲罐壁，影响罐体强度，可采取如图 4-24 结构。

4.7.4.6　视镜

视镜主要用来观察设备内物料及其反应情况，也可作为液位指示镜，一般成对使用，当视镜需要斜装或设备直径较小时，采用带颈视镜。图 D-16 为视镜的基本结构，其主要尺寸见表 D-16。

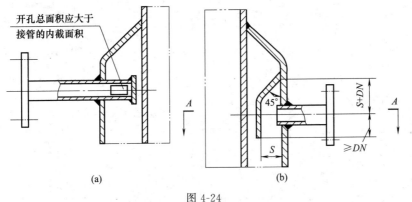

图 4-24

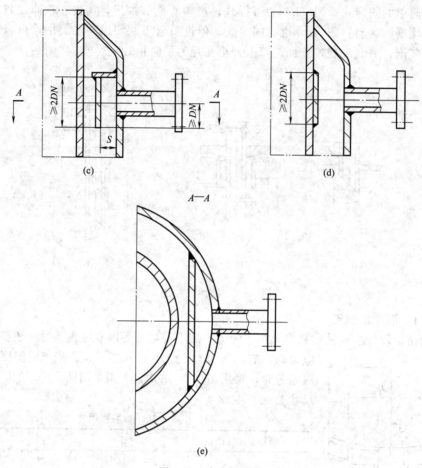

图 4-24　夹套进气管

第5章 塔设备设计

5.1 塔设备的分类和总体结构

5.1.1 塔设备的分类

塔式容器（或称塔设备）的分类方法很多。按单元操作可分为精料塔、吸收塔、解吸塔、萃取塔等；最常用的是按塔的内件结构分为板式塔（图 5-1）和填料塔（图 5-2）两大类。板式塔和填料塔的特点见表 5-1。

表 5-1 塔的主要类型及特点

类型	板式塔	填料塔
结构特点	① 塔内设置有多层塔板 ② 每层板上装配有不同型式的气液接触元件，如泡罩、浮阀等	① 塔内设置有多层整砌或乱堆的填料，如拉西环、鲍尔环、鞍形填料等 ② 填料为气液接触的基本元件
操作特点	气液逆流逐级接触	微分式接触，可采用逆流操作，也可采用并流操作
设备性能	① 空塔速度（亦即生产能力）高 ② 效率稳定 ③ 压力降大 ④ 液气比的适应范围较大 ⑤ 持液量大	① 空塔速度（亦即生产能力）低 ② 小塔径、小填料的塔效率高；直径大效率低 ③ 压力降小 ④ 要求液相喷淋量较大 ⑤ 持液量小
制造与维修	① 直径在 600mm 以下的塔安装困难 ② 检修清理容易 ③ 金属材料耗量大	① 造价比板式塔便宜 ② 检修清理困难 ③ 可采用非金属材料制造
使用场合	① 处理量大 ② 操作弹性大 ③ 带有污垢的物料	① 处理强腐蚀性物料 ② 液气比大 ③ 真空操作要求压力降小

5.1.2 塔设备的总体结构

塔设备的总体结构主要由塔体、内件、支座及附件构成。

塔体是典型的高大直立容器，多由筒节、封头组成。当塔体直径大于 800mm 时，各塔节焊接成一个整体；直径小的塔多分段制造，然后再用法兰连接起来。

内件是物料进行工艺过程的地方，由塔盘或填料支承等件组成。

支座常用裙式支座。

附件包括人孔、手孔、各种接管、梯子、平台、吊柱等。

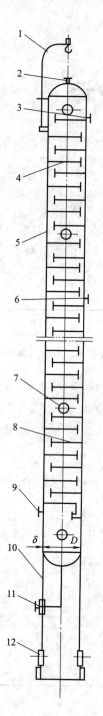

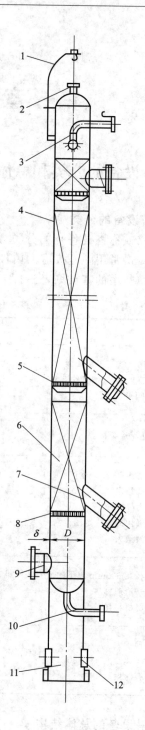

图 5-1 板式塔

1—吊柱；2—排气口；3—回流液入口；
4—精馏段塔盘；5—壳体；6—进料口；
7—人孔；8—提馏段塔盘；
9—进气口；10—裙座；
11—排液口；
12—裙座人孔

图 5-2 填料塔

1—吊柱；2—排气口；3—喷淋装置；
4—壳体；5—液体再分布器；
6—填料；7—卸填料人（手）孔；
8—支承装置；9—进气口；
10—排液口；11—裙座；
12—裙座人孔

5.2　塔设备设计的内容和步骤

5.2.1　塔设备设计的内容

塔设备设计包括工艺设计和机械设计两方面。本课程设计是把工艺参数、尺寸作为已知条件，在满足工艺条件的前提下，对塔设备进行强度、刚度和稳定性计算，并从制造、安装、检修、使用等方面出发进行机械设计。塔设备机械设计的主要依据是 NB/T 47041—2014。

塔设备机械设计任务书内容和格式常根据表 5-2 布置。

表 5-2　塔设备机械设计任务书

简图与说明	比例		设 计 参 数 及 要 求			
		工作压力/MPa	1.0	设计寿命		
		设计压力/MPa	1.1	填料形式、规格、容积		
		工作温度/℃	170	填料的密度/(kg/m³)		
		设计温度/℃	200	填料的堆积方式		
		介质名称		浮阀(泡罩)规格/个数		
		介质密度/(kg/m³)	800	浮阀(泡罩)间距/mm		
		基本风压/(N/m²)	400	保温材料厚度/mm	100	
		抗震设防烈度/度	8	保温材料密度/(kg/m³)	300	
		设计基本地震加速度	0.3g	塔盘上存留介质层高度/mm	100	
		场地类型(类)	Ⅱ	壳体材料	Q345R	
		设计地震分组	第一组	内件材料	Q245R	
		地面粗糙度(类)	B	裙座材料	Q245R	
		塔板数目	70	偏心质量/kg	4000	
		塔板间距/mm	450	偏心距/mm	2000	
		腐蚀裕量/mm	2			

接 管 表

符号	公称尺寸 DN	连接面型式	用途	符号	公称尺寸 DN	连接面型式	用途
$A_{1,2}$	450	—	人孔	G	100	突面	回流口
$B_{1,2}$	32	突面	温度计	$H_{1\sim4}$	25	突面	取样口
C	450	突面	进气口	$I_{1,2}$	15	突面	液位计
$D_{1,2}$	100	突面	加料口	J	125	突面	出料口
$E_{1,2}$	25	突面	压力计	$K_{1\sim8}$	450	突面	人孔
F	450	突面	排气口				

条 件 内 容 修 改

修改标记	修改内容	签字	日期	修改标记	修改内容	签字	日期

备注

单位名称		工程名称	
设计项目		条件编号	
设备图号		位号/台数	
提出人		日　期	

5.2.2　塔设备设计的步骤

塔设备大多置于室外，且直立高大，故塔设备除承受一般压力容器相同载荷外，还有至关重要的侧向载荷，即风载荷、地震载荷、质量载荷、偏心载荷等，特别是风载荷、地震载荷，属于动载荷，其大小和方向是随时间变化的。故设计时需考虑塔设备在多种载荷联合作用下的安全运行，以确保塔设备有足够的强度和稳定性。

在阅读了设计任务书后，按以下步骤进行塔设备的机械设计。

（1）塔设备的材料选择　根据工艺介质和参数，选择塔体、支座、塔内件的材料。

（2）塔设备的结构设计　在设备总体形式及主要工艺尺寸已经确定的基础上，设计确定塔的各种构件、附件以及辅助装置的结构尺寸。

板式塔结构设计包括：塔体与裙座结构设计；塔盘结构及塔盘支承结构设计；除沫装置设计；设备接管的形式和方位设计、塔附件设计等。

填料塔结构设计包括：塔体与裙座结构设计；填料支承结构设计；喷淋装置设计；液体再分布器设计；设备接管的形式和方位设计、塔附件设计等。

结构设计应满足结构简单、合理，便于安装、制造；密封性满足要求，保证安全生产。

（3）塔设备的强度、刚度和稳定性计算　按设计压力计算塔体、封头和裙座壁厚；塔设备质量载荷计算；风载荷与风弯矩计算；地震载荷与地震弯矩计算；偏心载荷与偏心弯矩计算；各种载荷引起的轴向应力；塔体和裙座危险截面的强度与稳定校核；塔体水压试验和吊装时的应力校核等。此外，包括基础环设计和地脚螺栓计算。

塔设备的强度、刚度和稳定性计算做到强度满足要求，防止外力破坏；刚度满足要求，防止不允许的变形；稳定性满足要求，防止失稳破坏。

5.3　塔设备的材料选择

塔体包括塔壳筒体、封头、人孔、手孔、液位计、接管、法兰等。各受压元件的选材原则、热处理状态、许用应力等均应符合 GB/T 150.2《压力容器　第 2 部分：材料》的相关规定，或符合 HG/T 20581《钢制化工容器材料选用规定》的要求。参考文献 [1] 表 9-3 和表 9-4 列出部分钢板许用应力。

非受压元件用金属材料应是列入材料标准的；与受压元件焊接时，应是焊接性能良好的。

裙座筒体材料的选择，应按受压元件用钢要求选取。还应考虑建塔地区环境的影响，一般取建塔地区的环境计算温度作为裙座的设计温度。当裙座设计温度低于 0℃ 时，裙座的材料应按有关规定进行冲击韧性试验。

一般情况下裙座筒体应采用同一种材料，参见表 5-3。但当塔釜设计温度 $T > 350℃$ 或 $T \leqslant -20℃$ 时，或裙座筒体与塔釜封头相焊后将影响塔釜材料（如不锈钢、铬钼钢、低温钢等）性能时，裙座筒体上应设置一段与塔釜封头（或筒体）材料相同的过渡短节。裙座材料（包括过渡短节）的许用应力按表 5-4 选取。过渡短节的设计温度应等于塔釜封头（或筒体）的设计温度。

过渡短节的长度按以下规定：

① 塔釜设计温度低于 -20℃ 或高于 350℃ 时，过渡短节的长度是保温层厚度的 4～6 倍，且不小于 500mm；

② 塔釜设计温度在 -20～350℃ 之间时，过渡短节的长度不小于 300mm。

表 5-3　裙座筒体材料的选取（摘自 SH/T 3098—2011）

裙座设计温度 t_s	裙座筒体材料
$t_s \leqslant -20℃$	Q345R、Q245R
$-20℃ \leqslant t_s < 0℃$	Q345R、Q245R
$t_s \geqslant 0℃$	Q235B、Q235C、Q245R 或 Q345R

表 5-4　裙座材料的许用应力

裙座本体			裙座过渡段
钢　号	板厚/mm	$[\sigma]_s$/MPa	当裙座过渡段材料与塔釜材料相同时,其许用应力与塔釜材料的许用应力相同
Q235B、Q235C	$T \leqslant 40$	140	
Q245R	按 GB/T 150.2 选取		
Q345R	按 GB/T 150.2 选取		

注：1. 裙座筒体（本体）系指：①无过渡段裙座的筒体；②有过渡段裙座的与过渡段相接的裙座筒体。
2. 参考文献［1］表 9-3 和表 9-4 列出部分钢板许用应力。

裙座筒体上开孔补强元件（通道孔、检查孔等）材料宜与裙座筒体材料相同。

地脚螺栓座（含盖板、筋板和基础环板）的材料一般应与裙座筒体材料相同。

选择地脚螺栓材料应考虑建塔地区环境温度的影响。当环境温度高于 $-20℃$ 时,一般选用 Q235B、Q235C（许用应力 $[\sigma]_b = 147\text{MPa}$）；当环境温度低于 $-20℃$ 时,一般选用 Q345D、Q345E（许用应力 $[\sigma]_b = 170\text{MPa}$）。

地脚螺栓的规格、数量、材料应在设计图纸中注明。

5.4　塔设备的结构设计

5.4.1　塔体

塔体包括塔壳筒体、封头、人孔、手孔、液位计、接管、法兰等各受压元件,其结构形式和要求应满足 NB/T 47041—2014 的有关规定。当塔壳筒体计算厚度由外载荷（风载荷、地震载荷等）决定时,宜采用不等厚度的筒节组焊,其筒体的长度应根据计算及结构设计的需要确定,但宜调整至钢板规格宽度的整数倍,相邻筒节厚度差不宜太大,一般取 2mm。

对于变径塔,变径过渡段的锥壳厚度不得小于与其连接的上下圆筒体的厚者。

5.4.2　板式塔及塔盘

在板式塔塔体内沿塔高装了若干层塔盘,液体靠重力作用由塔顶逐盘流向塔底,并在各块塔盘面上形成流动的液层；气体则靠压强差推动,由塔底向上依次穿过各塔盘上的液层而升至塔顶。气、液两相在各塔盘上直接接触完成热量和质量传递,两相组成沿塔高呈阶梯式变化。

塔盘是板式塔内气、液接触的主要元件。塔盘包括塔盘板、降液管、溢流堰、紧固件和支承件等。塔盘要有一定的刚度,以保持平直,维持水平,使塔盘上的液层深度相对均匀；塔盘与塔壁之间应有一定的密封性,以避免气、液短路；塔盘应便于制造、安装、维修,并且成本要低。

塔盘的种类很多,根据塔盘的结构特点,常将板式塔分为：泡罩塔、筛板塔、浮阀塔、浮舌塔、浮动喷淋塔等多种不同的塔型。其中浮阀塔是在泡罩塔与筛板塔的基础上发展起来的一种板式塔,由于其生产能力大、操作弹性大、塔盘效率高、气体压强降及液面落差较小、塔的造价较低等优点而得到最广泛的应用。下面以浮阀塔为例介绍板式塔结构。

塔盘主要由塔盘板、塔盘圈、溢流堰及降液管等组成。

根据塔设备直径的大小，塔盘分成整块式和分块式两种类型。当塔径≤700mm 时，采用整块式塔盘；塔径＞700mm 时，采用分块式塔盘，塔盘的可拆构件应能从人孔进出。

一般说来，各层塔盘的结构是相同的，只有最高一层、最低一层和进料层的结构和塔盘间距有所不同。通常，塔盘间距为 200、250、300、350、400、450、500、600、700、800（mm）等。塔盘间距与塔径的关系可参考表 5-5。但最高一层塔盘和塔顶距离常高于塔盘间距，有时甚至高过一倍，以便气体出塔之前很好地进行气液分离。在某些情况下，在这一段上还装有除沫器。最低一层塔盘到塔底的距离也比塔盘间距高，因为塔底空间起着贮存的作用，保证液体能有足够的贮存量，使塔底液体不致流空。进料塔盘与上一层塔盘的间距也比一般高。对于急剧气化的料液，在进料塔盘上需装上挡板、衬板或除沫器，在这种情况下，进料塔盘间距还得加高些。此外，每隔 15～20 层塔盘，要开一个人孔，以使人能较方便地进入任意层塔盘进行的拆装及维修。开人孔处的塔盘间距较大，一般为 600～800mm。

表 5-5　塔盘间距与塔径的关系

塔径/ m	0.3～0.5	0.6～1.0	1.0～2.0	2.0～4.0	4.0～6.0
塔盘间距/mm	200～350	250～400	250～600	300～600	400～800

液体在塔盘上的流程，分为单流和双流两种。塔径在 2400mm 以下常采用单流程。但当塔盘较大、液相流量较大时，采用单流塔盘会造成液面落差过大，气流分布严重不均、甚至局部漏液现象。此时应采用双流塔盘。

塔盘板常用 2～3mm 不锈钢板或 3～4mm 的碳钢板制造。

塔盘板上开有四种类型的孔：阀孔、拉杆孔、降液管和排液管。

对于标准浮阀，阀孔的直径为 39mm，排列见表 5-6。

表 5-6　阀孔的排列

排列形式	浮阀的排列有两种形式： ① 正三角形和等腰三角形顺排 ② 正三角形和等腰三角形叉排 叉排时，相邻两阀中吹出的气流对液层的搅拌作用显著，鼓泡均匀，液面梯度小，雾沫夹带量也较小，实际生产中采用正三角形叉排的较多	排列简图	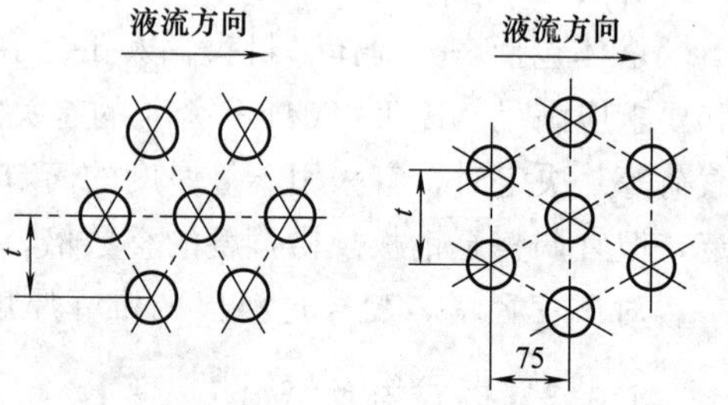 (a) 顺排　　(b) 叉排
阀孔中心距	① 以正三角形排列时，常用的中心距有 75mm、100mm、125mm、150mm 等 ② 以等腰三角形排列时，其高固定为 75mm，三角形的底边 t 可采用 70mm、75mm、80mm、90mm、100mm、110mm 等		
浮阀个数	计算公式：$n_f=\dfrac{V_n}{0.785\times(0.039)^2 u_0}=837\dfrac{V_n}{u_0}$　$u_0=\dfrac{F_0}{\sqrt{\rho_v}}$ 阀孔动能因数可取：$F_0=8\sim11$；V_n 为设计条件下的气相流量，m^3/s；u_0 为阀孔气速，m/s；ρ_v 为气相密度，kg/m^3		
开孔率	浮阀塔板的开孔率依阀孔数而定，一般在常、减压塔中为塔板总面积 A_T 的 $10\%\sim15\%$，加压塔中为 $6\%\sim9\%$。计算式：$\phi=\dfrac{0.785 d^2 n_f}{A_T}$ 式中，孔径 $d=0.039m$；n_f 为浮阀数		

降液管一般可分圆形和弓形两种，见图 5-3。弓形降液管最大程度地利用了塔的截面降液，因而降液能力大，气液分离效果好。圆形降液管仅当液体负荷较小时采用。

为了增加溢流并提供足够的空间使泡沫层中的气体得到分离，常在降液管的前方设置溢流堰。溢流堰的堰长 L_w 和堰高 h_w 由工艺决定。常取堰高 $h_w = 30 \sim 40mm$，采用弓形降液管时，单流最适宜的堰长 L_w 一般为塔径的 $60\% \sim 80\%$；双流两侧降液管堰长 L_w 为塔径的 $50\% \sim 70\%$；中间降液管面积应等于两侧降液管面积之和，且宽度不小于 200mm。圆形降液管尺寸按液体负荷计算确定。

拉杆孔常用 4～5 个，孔径有 $\phi16$ 和 $\phi18$ 两种，孔的位置以不与降液管相碰、支撑力均匀为准。

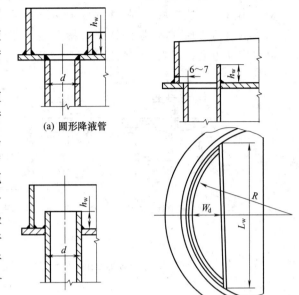

(a) 圆形降液管

(b) 带溢流堰圆形降液管

(c) 弓形降液管

图 5-3　降液管形式

板式塔在停止操作时，塔盘、受液盘、液封盘等均应能自行排净存液，塔盘板上需开设排液孔（又称泪孔）。通常，排液孔开在塔盘的溢流堰附近，这在正常操作时对塔板效率影响最小，排液孔太小，易被沉积物所堵塞；直径太大，则正常操作时漏液过多，影响效率。排液孔的直径及孔数，根据液体流动性及规定的排空时间而定，直径一般取 $\phi8 \sim 15mm$。孔数按每平方米塔盘面积有 $1 \sim 3cm^2$（一般用 $2.5cm^2$）的开孔面积计算。对受液盘、液封盘，则不论其面积大小，至少应开设一个 $\phi10mm$ 的排液孔。

盘面布置时，进口堰或出口堰，距最近一排阀孔中心线的距离，对于分块式塔盘为 $80 \sim 110mm$；对于整块式塔盘为 $60 \sim 70mm$。塔盘圈内壁距最近阀孔中心线的距离，对于分块式塔盘为 $70 \sim 90mm$；对于整块式塔盘，常取 55mm。如距离很大，为防止液体流动不均匀，可加设折流挡板。跨过支承梁的两排相邻阀孔中心线的距离，以避开梁为原则，且不小于阀间距。

分块式塔盘装有受液盘，在塔设备中主要起封液作用。受液盘有凹形和平形两种。其结构对液体流入塔板的均匀性有影响。一般常用凹形受液盘，对于易聚合液体，应避免一切可能形成的死角，宜采用平形受液盘。当采用平形受液盘时，为不使液体自降液管中流出后水平冲入塔盘，影响塔盘入口处的操作，可设置入口堰，一般入口堰高度可取 $8 \sim 80mm$。采用凹形受液盘时，可不用入口堰；受液盘深度由工艺决定，常取 50mm。

5.4.3　填料塔及典型内件

填料塔是一种连续式气液传质设备。它由塔体、喷淋装置、填料、栅板、再分布器和各种接管、支座等组成。它与板式塔相比，仅有三个特殊部件，即液体喷淋装置、液体再分配装置和填料的支承结构，这里重点介绍这几部分。

（1）液体喷淋装置　液体喷淋装置（或称液体分配装置）的基本要求是：能使整个塔截面的填料表面很好湿润；液体沿填料表面均匀分布；结构简单、制造维修方便。

液体喷淋装置的类型很多，最常用的是喷洒型。

对于小直径的填料塔，可采用管式喷洒器。图5-4（a）为直管喷洒器，图（b）为弯管喷洒器，图（c）为缺口管喷洒器。其特点是：开口面积约为管截面的0.5～1倍；结构简单，制造安装方便，但喷洒均匀性差，喷淋面小。

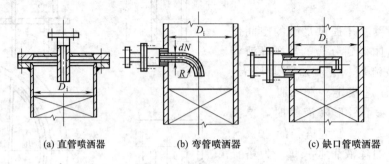

（a）直管喷洒器　　　　（b）弯管喷洒器　　　　（c）缺口管喷洒器

图5-4　管式喷洒器

直管喷孔式喷洒器可用于800mm以下的塔设备，见图5-5。直管下侧开3～5排$\phi 4$～8的小孔，小孔面积总和约等于直管截面积；其特点是：喷洒较均匀，但喷淋面小。

对于直径稍大（约1200mm以下）的填料塔，可采用环管多孔喷洒器，如图5-6所示。将下侧开3～5排$\phi 4$～8小孔的管弯制成圆环状，圆环管直径取$D_1 = (0.6～0.8)D_i$；其喷淋程度优于任何一种直管喷洒器。

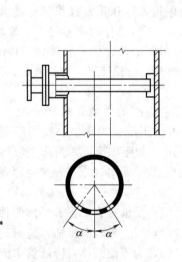

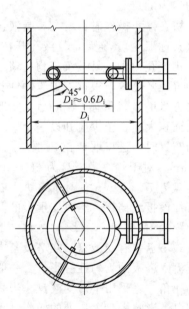

图5-5　直管喷孔式喷洒器　　　　　图5-6　环管多孔喷洒器

凡带小孔的喷洒器，适用于清洁的液体，否则易堵塞小孔。

（2）液体再分配装置　在填料塔中，当填料层比较高时，液流有流向器壁造成"壁流"的倾向，使液体分布不均，降低了填料塔的效率。甚至塔中心处的填料常不能被湿润，称为"干锥"现象。为消除此现象，常将填料分段填装，层间设置液体再分布器，以便在整个高度内的填料都得到均匀喷淋。

液体再分布器设计时需考虑下列因素：

① 再分布器的自由截面不能过小（约等于填料的自由截面积），否则将会增加阻力；

② 结构既要简单，也要牢固可靠，能承受气、液流体的冲击；

③ 便于拆装。

图 5-7 是一种应用最广的分配锥，沿壁流下的液体用分配锥再将它导至中央。其设计尺寸参考表 5-7，它的特点是上下堆满填料不占空间，但使设备在分配锥处的截面缩小。

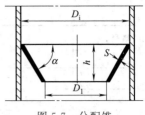

图 5-7　分配锥

表 5-7　分配锥参考尺寸

塔径 D_i/mm	<1000	锥小头口径 D_1/mm	$0.7\sim0.8D_i$
倾角 α/(°)	$70\sim90$	锥壁厚 S/mm	$3\sim4$
锥高 h/mm	$0.1\sim0.2D_i$		

两分配锥间距 L，当塔径 $D_i \leqslant 800$mm 时，一般取 $L \leqslant 6D_i$，当塔径 $D_i > 800$mm 时，取 $L \leqslant 2\sim3D_i$。

（3）填料的支承结构　填料的支承结构不但要有足够的强度和刚度，而且需有足够的自由截面，使在支承处不致首先发生液泛。

在填料塔中，最常用的填料支承是栅板，栅板常用扁钢焊制而成，并由焊于塔壁上的支承圈支承，大直径塔设备常设支承梁。当塔径 $D_i > 900$mm 时，在支承圈下常设加强筋板。

在设计栅板的支承结构时，需要注意下述各点：

① 栅板必须有足够的强度和刚度，以承受填料和拦液质量，并能对压力、温度波动和机械振动有足够的承受能力；

② 栅板必须有足够的自由截面，一般应与填料的自由截面大致相等，以使气液顺利通过；

③ 构成栅板的扁钢条之间的距离约为填料外径的 60%～80%；

④ 栅板必须有一定的耐腐蚀性。

支持圈有两种，一种是扁钢支持圈；另一种是角钢支持圈。目前大多采用扁钢支持圈，或扁钢支持圈下加支承板。扁钢支持圈可用扁钢煨制或用钢板切为圆弧焊成。扁钢支持圈及支承板结构尺寸见图 5-8，部分扁钢支持圈尺寸见表 5-8。

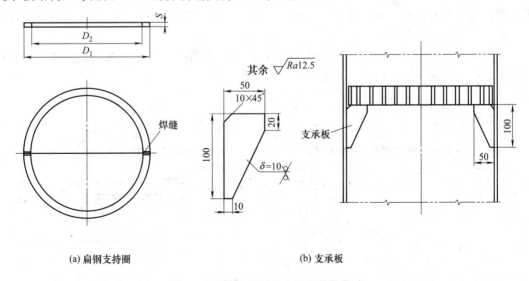

(a) 扁钢支持圈　　　　(b) 支承板

图 5-8　扁钢支持圈及支承板结构尺寸

表 5-8   部分扁钢支持圈尺寸

塔径 D_i /mm	D_1/mm	D_2/mm	厚度 S /mm		质量/kg	
			碳钢	不锈钢	碳钢	不锈钢
200	204	180	4	3	2.29	1.73
250	247	223			2.80	2.11
300	297	257			5.47	4.12
350	347	307			6.58	4.95
400	397	337	6	4	21.1	14.2
450	447	387			24.0	16.2
500	496	416			33.0	22.1
600	596	496	8	6	53.8	40.6
700	696	596			63.5	48.1
800	796	696			73.6	55.8
900	894	794			84.0	63.0
1000	994	894			116.0	93.8
1200	1194	1074	10	8	141.0	112.0
1400	1392	1272			167.0	134.5
1600	1592	1472			190.0	154.0

5.4.4 接管

塔设备的塔体上配有各种工艺接管和仪表接管,大多数接管与一般容器上接管结构相同,仅有液体进料管、进气管、出料管局部结构稍具特色,对此重点介绍。

(1)进料管 填料塔中的进料管常与液体喷淋装置相连。在板式塔中进料管也常选用图 5-4 中的缺口式、弯管式喷洒器结构,直接引到塔盘上的受液盘上,当进料管离塔盘较远时,可设置缓冲管。

当塔径 $D_i \geqslant 800\text{mm}$,人可以进塔检修,若物料清洁不易聚合时,可选用图 5-9 所示的进料管,其中降液口尺寸 a、b、c 与管径 dN 有关,可参考表 5-9。进料管距塔盘板的高度 p 和管长 L,由工艺决定。

当塔径 $D_i < 800\text{mm}$,人不能进塔检修;进料管可选用图 5-10 所示的结构,进料管外带有套管,以便于清洗、检修。其有关尺寸,参考表 5-9。

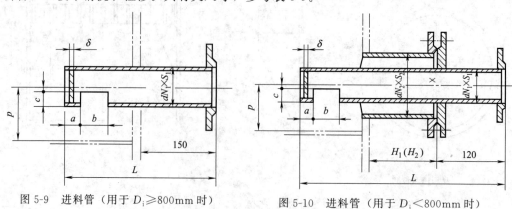

图 5-9   进料管(用于 $D_i \geqslant 800\text{mm}$ 时)   图 5-10   进料管(用于 $D_i < 800\text{mm}$ 时)

表 5-9　进料管参考尺寸　　　　　　　　　　mm

内管 $dN_1 \times S_1$	外管 $dN_2 \times S_2$	a	b	c	δ	H_1	H_2
25×3	45×3.5	10	20	10	5	120	150
32×3.5	57×3.5		25				
38×3.5	57×3.5		32	15			
45×3.5	76×4		40				
57×3.5	76×4	15	50	20			
76×4	108×4		70	30			
89×4	108×4		80	35			
108×4	133×4		100	45			
133×4	159×4.5		125	55			
159×4.5	219×6	25	150	70			200
219×6	273×8		210	95	8		

（2）**出料管**　出料管常位于塔釜底部，如图 5-11 所示。出料管上焊有三块支承扁钢，把出料管活嵌在引出通道管里，并留有间隙 c。但应注意，出料管外形尺寸 m，应小于裙座内径，且引出通道管内径应大于出料管法兰外径。

在塔底出料的管口处，常设置防涡流挡板，其结构见图 5-12，填料塔在塔底出料口还要设置防止破碎填料堵塞挡板，常用结构见图 5-13。

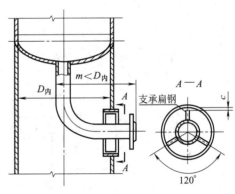

图 5-11　出料管结构

（3）**气体进口管**　气体进口管或称进气管，其位置由工艺条件确定，但均应设置在最高液面之上，以避免液体淹没气体通道，或产生冲溅、夹带现象。进气管结构如图 5-14 所示，其中图（a）、图（c）的结构简单，适用于气体分布要求不高的场合；图（b）所示是带有排气孔（泪孔）的气体分布管结构，管上开有三排出气小孔，使进塔气体分布均匀。小孔直径和数量，由工艺条件决定，常用于直径较大的塔中。

（4）**气体出口管**　气体出口管的常用结构如图 5-15 所示，为减少出塔气中央带液滴，常在出口处设置挡板或在塔顶安装除沫器。

5.4.5　裙座

裙座是塔设备广泛采用的一种支座，其组成如图 5-16 所示。裙座有圆筒形和圆锥形两种。一般选用圆筒形裙座，裙座筒体的名义厚度不应小于 6mm。圆锥形裙座半锥角不宜超过 15°，只有在下列情况下才选用，故本书不介绍圆锥形裙座的设计。

① 需减小混凝土基础顶面的压应力；
② 需增加裙座筒体断面惯性矩。

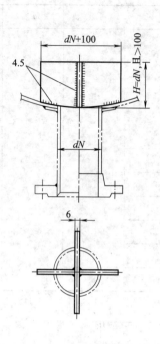

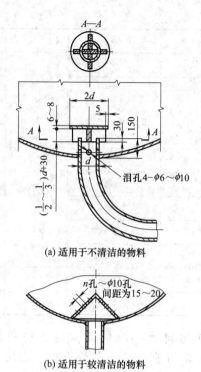

图 5-12　塔底出料管防涡流挡板结构

图 5-13　塔底防碎填料的管口结构

(a) 适用于不清洁的物料

(b) 适用于较清洁的物料

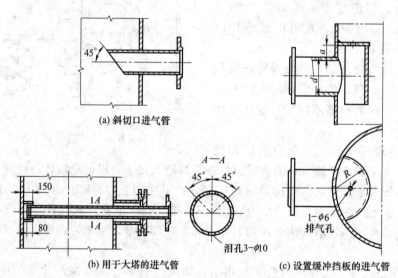

(a) 斜切口进气管

(b) 用于大塔的进气管

(c) 设置缓冲挡板的进气管

图 5-14　常用进气管结构

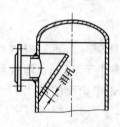

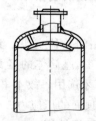

(a) 设置在塔侧壁上的出气管

(b) 设置在塔顶封头上的出气管

图 5-15　常用气体出口管结构

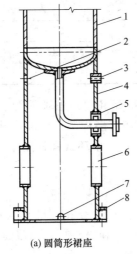 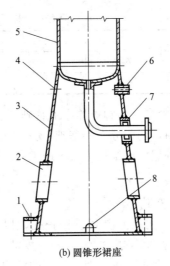

(a) 圆筒形裙座	(b) 圆锥形裙座
1—塔体；2—无保温时的排气孔；	1—螺栓座；2—人孔；3—裙座筒体；
3—有保温时的排气孔；4—裙座筒体；	4—无保温时的排气孔；5—塔体；
5—引出管通道；6—人孔；	6—有保温时的排气孔；7—引出管通道；
7—排液孔；8—螺栓座	8—排液孔

图 5-16 裙座的组成

（1）裙座与塔体的连接　裙座与塔体的连接采用焊接。焊接接头可采用对接形式或搭接形式，由于对接焊缝的焊缝受压，可承受较大的轴向力，故推荐采用对接形式。当采用对接接头形式时，一般取裙座筒体外径与塔体封头外径相等。裙座筒体与塔釜封头的焊接接头应采用全焊透的连续焊，且与塔釜封头外壁圆滑过渡。对接焊接接头形式及尺寸见图 5-17。通常采用图（a）结构，下列场合推荐采用图（b）结构。

　① 当塔高与塔径之比＞20；

　② 塔内为低温操作时；

　③ 裙座与塔体封头连接焊缝可能产生热疲劳时；

　④ 裙座筒体名义厚度（δ_{ns}）超过 16mm。

被裙座筒体覆盖的焊接接头必须磨平，且进行 100% 射线或超声检测。

当塔釜封头由多块板拼接制成时，拼接焊缝处的裙座筒体宜开切缺口，缺口的形式及尺寸见图 5-18 及表 5-10。

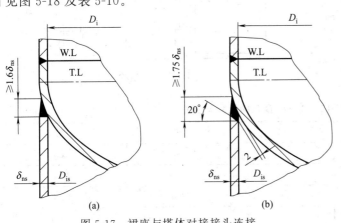 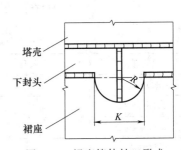

图 5-17 裙座与塔体对接接头连接　　　　　图 5-18 裙座筒体缺口形式

表 5-10　裙座筒体缺口尺寸 　　　　　　　　　mm

封头名义厚度 δ_{nh}	≤8	>8~18	>18~28	>28~38	>38
宽度 K	70	100	120	140	≥160
缺口半径 R	35	50	60	70	≥80

（2）**地脚螺栓座**　地脚螺栓座由基础环、螺栓座等组成。基础环是一块环板，它把裙座传来的全部载荷，均匀分布到基础上去。地脚螺栓座有多种型式，常采用外螺栓座及单环板座两种型式。外螺栓座结构形式见图 D-17 及表 D-17；单环板螺栓座结构形式见图 D-18 及表 D-18。

5.4.6　裙座开孔

（1）**检查孔**　裙座上应开设检查孔，以方便检修。检查孔有圆形（A 型）和长圆形（B 型）两种，A 型的结构、尺寸及开设数量，见图 5-19 和表 5-11。当截面削弱受限制或拆卸塔底附件困难时，可采用 B 型。B 型的结构、尺寸及开设数量，见图 5-20 和表 5-12。

表 5-11　A 型检查孔的尺寸与位置 　　　　　　　　　mm

裙座直径	开孔数量	直径 D	M	开孔中心高 H
≤700	1	250	150	—
800~900	1	450	200	900
1000~2800	2	450	250	900
3000~4600	2	500	250	950
>4600	2	600	250	1000

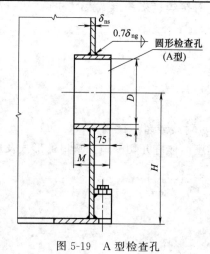

图 5-19　A 型检查孔

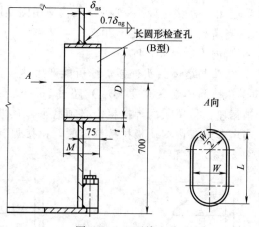

图 5-20　B 型检查孔

表 5-12　B 型检查孔的尺寸与位置 　　　　　　　　　mm

裙座直径	开孔数量	W	M	检查孔长 L
800~900	1	400	180	700
1000~2800	2	400	180	900
3000~4600	2	450	200	1200
>4600	2	450	200	1200

（2）**排净孔**　裙座筒体底部宜对开两个排净孔，其结构及尺寸见图 5-21。

（3）**排气孔（管）**　塔运行中可能有气体逸出，就会积聚在塔底封头之间的死区中。它们或者是可燃的，或者对设备有腐蚀作用，并会危及进入裙座的检修人员。因此，为减小腐蚀及避免可燃、有毒气体的积聚，保证检修人员的安全，必须在裙座上部设置排气孔或排气管。

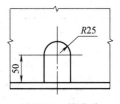

图 5-21　排净孔

当裙座不设保温（保冷、防火）层时，其上部应均匀开设排气孔，见图 5-22。当裙座设保温（保冷、防火）层时，裙座上部应均匀设置排气管，如图 5-23 所示。排气管两端伸出裙座内外壁的长度，应为敷设层的厚度再加 20mm。排气孔或排气管的规格和数量见表 5-13。对于开有检查孔的矮裙座可不设排气孔。

图 5-22　排气孔

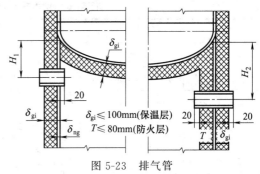

图 5-23　排气管

表 5-13　**排气管（孔）的规格和数量**　　　　　　　　　　　mm

塔式容器内直径 D_i	600～1200	1400～2400	＞2400
排气孔/排气管规格	$\phi 80/\phi 89 \times 4$	$\phi 80/\phi 89 \times 4$	$\phi 100/\phi 108 \times 4$
排气管(孔)数量/个	2	4	≥4
排气管(孔)中心线至裙座壳顶端的距离	140	180	220

（4）**通道管**　塔式容器底部引出管一般需通过裙座上的通道管（或称引出孔加强管）引到裙座壳的外部，如图 5-24 所示。通道管尺寸见表 5-14。

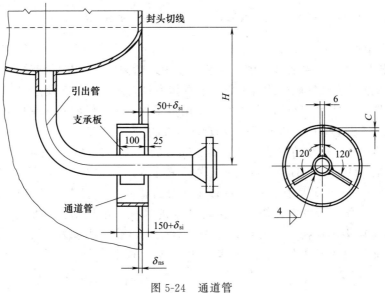

图 5-24　通道管

表 5-14　通道管尺寸　　　　　　mm

引出管直径 d	20、25	32、40	50、70	80、100	125、150	200	250	300	350	>350
通道管 无缝钢管	φ133×4	φ159×4.5	φ219×6	φ273×8	φ325×8	—	—	—	—	—
通道管 卷焊管	—	—	φ200	φ250	φ300	φ350	φ400	φ450	φ500	d+150

注：1.引出管在裙座内用法兰连接时，通道管内径必须大于法兰外径。

2.引出管保温（冷）后的外径加上 25mm 大于表中的通道管内径时，应适当加大通道管的直径。

3.通道管采用卷焊管时，壁厚一般等于裙座壳厚度，但不大于 16mm。

引出管或通道管上应焊支承板支撑，且应预留有间隙 C，以满足热膨胀的需要。最小间隙 C 见表 5-15。

表 5-15　支承板与通道管的间隙　　　　　　mm

间隙 C	Δt/℃ 30		80		130		180		230		280		330		380		430	
	I	II	I	II	I	II	I	II	I	II	I	II	I	II	I	II	I	II
H 300	1.0	1.0	1.0	1.0	1.5	1.5	1.5	2.0	1.5	2.0	2.0	2.0	2.5	3.0	2.5	3.0	2.5	3.0
600	1.0	1.0	1.0	1.0	1.5	2.0	2.0	2.5	2.5	3.0	2.5	3.0	3.0	3.5	3.0	4.0	3.0	4.5
900	1.0	1.5	1.5	2.0	2.0	2.5	2.5	3.0	3.0	3.5	3.0	4.5	4.0	5.0	4.0	5.0	4.0	6.5
1200	1.0	1.5	2.0	2.0	2.5	3.0	3.0	3.5	3.5	4.0	3.5	4.0	5.0	6.0	5.0	6.5	5.5	7.5
1500	1.5	1.5	2.0	2.5	3.0	3.5	3.5	4.0	3.5	4.5	4.0	5.0	6.0	6.5	6.0	7.5	6.5	8.6
1800	1.5	1.5	2.0	2.5	3.0	4.0	4.0	5.0	4.5	6.0	5.5	7.0	6.0	7.0	7.0	8.5	7.5	9.5
2000	1.5	2.0	3.0	3.5	3.5	4.0	4.5	5.0	5.0	7.0	6.0	8.0	7.0	8.0	8.0	8.5	8.5	10.5
2400	1.5	2.0	3.0	3.5	4.0	4.5	5.0	6.0	5.5	6.5	7.0	7.5	8.0	8.5	9.5	10.5	9.5	11.5
2700	1.5	2.0	3.5	4.0	4.0	5.0	5.0	6.0	5.5	7.0	6.0	8.0	7.5	9.5	8.5	11.5	10.5	12.5
3000	2.0	2.5	4.0	4.0	4.5	5.5	5.0	6.5	6.5	8.0	7.0	9.0	8.0	10.5	9.5	12.5	11.5	13.5

注：1.间隙 $C \geqslant (\alpha \Delta t H) \times \cos 60° + 1$，其中，$\alpha$ 为介质工作温度与 20℃ 之间的平均线膨胀系数；Δt 为介质工作温度与 20℃ 的温差。

2.表中 I 类材料为碳素钢、铬钼钢、低铬钼钢（Cr3Mo）类，II 类材料指奥氏体不锈钢类。

5.4.7　塔设备附件

（1）除沫装置　除沫装置属气液分离装置，用以除去气体夹带的液滴和雾沫，保证传质效率。除沫装置可安装在塔内或塔上部，也可作为独立的气液分离设备。

较先进的除沫装置是丝网除沫器。丝网是用不锈钢、铜、镀锌铁、聚四氟乙烯、尼龙、聚氯乙烯等圆丝或扁丝编制并压成双层褶皱形网带或波纹形网带。

丝网除沫器适用于洁净的气体，可分离 >5μm 的液滴，其效率可达 99%。目前，丝网除沫器已标准化（HG/T 21618），可根据工艺要求选用。

（2）吊柱　对于高度大于 15m 的室外无框架的整体塔，应考虑安装和检修时起吊塔台及其他附件的方便，所以常在塔顶安装可转动的吊柱。吊柱结构和尺寸可参考图 5-25 和表 5-16。应考虑将吊柱托架中心线设置一个合适的方位，即使吊柱中心线与人孔中心线间有合适的夹角，使人站在平台上能操纵手柄转动吊柱管，将吊钩的垂直中心线转到人孔附近。

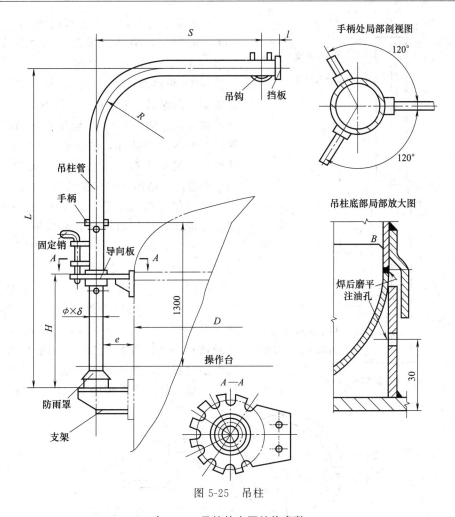

图 5-25　吊柱

表 5-16　吊柱的主要结构参数　　　　　　　　　　　　　　　　mm

变量		S	L	H	W=2500N				W=5000N				W=10000N			
					$\phi\times\delta$	R	e	D	$\phi\times\delta$	R	e	D	$\phi\times\delta$	R	e	D
序号	1	600	3150	900	108×8	450	250	700								
	2	700	3150	900	108×8	450	250	900								
	3	800	3150	900	108×8	450	250	1100	159×10	750	250	1100				
	4	900	3150	900	108×8	450	250	1300	159×10	750	250	1300				
	5	1000	3400	1000	108×10	450	250	1500	159×10	750	250	1500	219×10	900	300	1400
	6	1100	3400	1000	108×10	450	250	1700	159×10	750	250	1700	219×10	900	300	1600
	7	1200	3400	1000	108×10	750	250	1900	159×10	750	250	1900	219×10	900	300	1800
	8	1300	3900	1100	108×10	750	250	2100	159×10	750	250	2100	219×10	900	300	2000
	9	1400	3900	1100	108×10	750	250	2300	159×10	750	250	2300	219×10	900	300	2200
	10	1500	3900	1100	108×10	750	250	2500	159×12	1000	250	2500	219×10	1000	300	2400
	11	1600	4250	1250	159×10	750	250	2700	159×12	1000	250	2700	219×12	1000	300	2600
	12	1800	4250	1250	159×10	750	250	3100	159×12	1000	250	3100	219×12	1000	300	3000
	13	2000	4250	1250	159×10	750	250	3500	219×10	1000	300	3400	219×12	1000	300	3400
	14	2200	4850	1350					219×10	1000	300	3600				
	15	2400	4850	1350					219×10	1000	300	4200				
	16	2600	4850	1350					219×10	1000	300	4600				

注：D 为适用的最大设备直径，供选用参考。

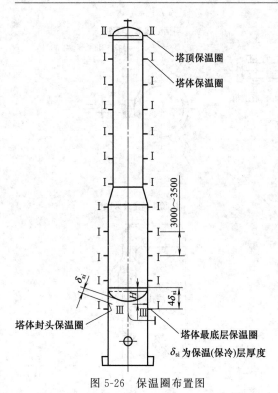

图 5-26 保温圈布置图

吊柱的吊钩与塔顶之间的距离，一般为 1000mm 以上，手柄至操作平台之间的距离，一般为 1200～1500mm 之间。

（3）保温圈 塔外保温材料的支承圈叫做保温圈。需保温（保冷）的塔设备，除特殊情况外（如带法兰的塔节），均应设置保温圈。保温圈的形状为分块圆环，根据塔径不同，由 4～8 块组成。根据保温表面形状不同分为 I、II、III 型。保温圈在塔体上的布置见图 5-26。

塔体保温圈为 I 型，见图 5-27。塔体最底层保温圈距塔体与裙座焊缝线以下 4 倍保温层厚处，向上每隔 3～3.5m 焊一保温圈，圈缘不开小孔，圈宽 W 见表 5-17。

塔顶保温圈为 II 型，见图 5-28。塔顶保温圈位于上封头切线处或焊缝线以下 50mm 处，圈宽 W 等于保温层厚度（即 $W=\delta_{si}$），在圈的外缘钻有均布、间隔为 100mm 的 $\phi 5$ 小孔。安装保温材料时，利用铅丝穿过小孔来封扎保温材料，也可通过小孔编网固定保温材料。

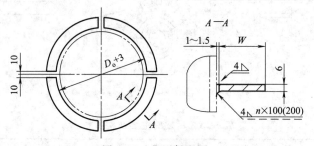

图 5-27 I 型保温圈

表 5-17 I 型保温圈宽度 W mm

保温层厚度 δ_{si}	40	50	60	70	80	100	120	150	＞150
保温圈宽度 W	30	40	50	55	60	70	90	120	$\delta_{si}-50$

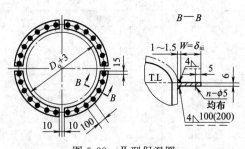

图 5-28 II 型保温圈

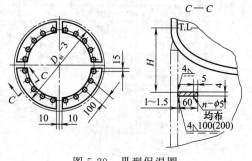

图 5-29 III 型保温圈

　　塔底封头保温圈为 Ⅲ 型，见图 5-29。塔底封头保温圈焊在裙座内壁，由宽 60mm、厚 4mm 的 4 或 8 块扁钢圈组成。圈内缘间隔 100mm 开一个 $\phi5$ 小孔，包扎保温材料的铅丝也是通过小孔固定。

5.5　塔设备的强度和稳定性计算

　　在完成塔设备结构设计后，还要对其进行强度和稳定性计算，以保证塔设备的安全性和可靠性。根据课程设计的特点，着重介绍等截面、等壁厚塔设备的设计计算。

5.5.1　塔设备的载荷分析和设计准则

　　塔设备在操作时主要承受以下几种载荷作用：操作压力、质量载荷、地震载荷、风载荷、偏心载荷。各种载荷示意图及符号见图 5-30。

　　塔设备的强度和稳定性计算通常按下列步骤计算：

　　① 根据 GB/T 150.3 或参考文献 [1] 第十一章，按计算压力确定圆筒有效厚度 δ_e 及封头的有效厚度 δ_{eh}。

　　② 根据地震和风载计算的需要，选取若干计算截面（包括所有危险截面），并考虑制造、安装、运输的要求，设定各计算截面处圆筒有效厚度 δ_{ei} 与裙座有效厚度 δ_{es}。应满足 $\delta_{ei} \geqslant \delta_e$，$\delta_{es} \geqslant 6\mathrm{mm}$。

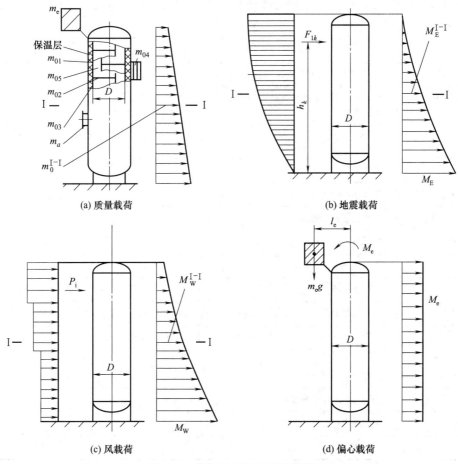

图 5-30　塔设备各种载荷示意图

③ 根据自支承式塔设备承受的质量载荷、自振周期、风载荷、地震载荷及偏心载荷、最大弯矩和轴向应力等的作用，依次进行校核计算，并应满足各相应要求，否则需重新设定有效厚度 δ_{ei}，直至满足全部校核条件为止。

塔设备强度和稳定性计算常用符号及说明见表 5-18。

表 5-18　塔设备强度和稳定性计算常用符号及说明

符号	符号说明
A_b	基础环面积，mm^2；$A_b = \dfrac{\pi}{4}(D_{ob}^2 - D_{ib}^2)$
A_{bt}	地脚螺栓截面积，mm^2；$A_{bt} = n\dfrac{\pi}{4}d_1^2$
A_{sb}	裙座圆筒或锥壳的底部截面积，$A_{sb} = \pi D_{is}\delta_{os}$
A_{sm}	$h-h$ 截面处裙座的截面积，mm^2 $A_{sm} = \pi D_{im}\delta_{es} - \sum[(b_m + 2\delta_m)\delta_{es} - A_m]$ $A_m = 2l_m\delta_m$
$\sum A$	第 i 段内平台构件的投影面积(不计空挡投影面积)，mm^2
b	基础外环直径与裙座壳体外直径之差的 $1/2$，mm
b_m	$h-h$ 截面处裙座壳人孔或较大管线引出孔接管水平方向最大宽度，mm
D	塔式容器的平均直径，对等直径塔式容器为其公称直径，对不等直径的塔式容器取其各段公称直径的加权平均值，mm $D = D_1\dfrac{l_1}{H} + D_2\dfrac{l_2}{H} + \cdots$
D_1, D_2	不等直径各段的塔体公称直径，mm
$D_{e1}, D_{e2}, \cdots, D_{ei}$	塔式容器各计算段的有效直径，mm
D_i	塔壳圆筒内直径，mm
D_{ib}	基础环内直径，mm；
D_{ie}	锥壳大端内直径，mm
D_{if}	锥壳小端内直径，mm
D_{ih}	锥壳任意截面内直径，mm
D_{im}	$h-h$ 截面处裙座壳的内直径，mm
D_{is}	裙座壳底部内直径，mm
D_{it}	裙座顶截面的内直径，mm
D_G	垫片压紧力作用中心圆直径，按 GB/T 150.3 确定，mm
D_o	塔壳的外直径，对于敷设保温层的塔式容器，取保温层外表面处的直径；对于变截面塔计算横风向载荷时，取顶部塔壳外直径加 2 倍保温层厚度，mm
D_{ob}	基础环外直径，mm
D_{oi}	第 i 段塔式容器外直径，mm
D_{ol}	裙座壳底部截面的外直径，mm
d_o	塔顶管线外直径，mm

续表

符号	符号说明
d_1	地脚螺栓螺纹小径,mm
d_2	垫板上地脚螺栓孔直径,mm
d_3	盖板上地脚螺栓孔直径,mm
E'	设计温度下金属材料的弹性模量,MPa
E'_i、E'_{i-1}	第 i 段,第 $i-1$ 段壳体的设计温度下金属材料的弹性模量,MPa
F_{vi}	任意质量 i 处所分配到的垂直地震力,N
F_v^{h-h}	$h-h$ 截面处的垂直地震力,但仅在最大弯矩为地震弯矩参与组合时计入此项,N
F_v^{I-I}	塔式容器任意计算截面 I—I 处的垂直地震力,N
F_v^{0-0}	塔式容器底截面处垂直地震力,N
F_v^{J-J}	搭接焊接处的垂直地震力,N
F_{1k}	集中质量 m_k 引起的基本振型水平地震力,N
F_z	轴向外载荷,当折算法兰当量压力时,拉伸时计入,压缩时不计,N
f_i	风压高度变化系数,高度取各计算段顶截面的高度,见表 5-23
g	重力加速度,取 $g=9.81\ \text{m/s}^2$
H	塔式容器高度(见图 5-34),mm
H_{it}	塔式容器第 i 段顶截面至地面的高度,mm
h	计算截面距地面的高度(见图 5-31),mm
h_i	第 i 段集中质量距地面的高度(见图 5-31),mm
h_{it}	塔式容器第 i 段顶截面距塔底截面的高度,mm
h_k	任意计算截面以上各段的集中质量 m_k 距地面高度(见图 5-31),mm
I_i、I_{i-1}	第 i 计算段和第 $i-1$ 计算段的截面惯性矩,mm⁴
K	载荷组合系数,取 $K=1.2$
K_1	体型系数,取 $K_1=0.7$
K_{21},K_{22},$\cdots$,K_{2i}	塔式容器各计算段的风振系数,当塔高 $H \leqslant 20\text{m}$ 时取 $K_{2i}=1.7$;当 $H>20\text{m}$ 时,可按下式计算:$K_{2i}=1+\dfrac{\xi v_i \phi_{zi}}{f_i}$
K_3	笼式扶梯当量宽度;当无确切数据时,可取 $K_3=400\text{mm}$
K_4	操作平台当量宽度,mm;$K_4=\dfrac{2\sum A}{l_0}$;当无确切数据时,可取 $k_4=600\text{mm}$
l_1、l_2	不等直径各段塔体的长度,mm
l_e	偏心质点重心至塔式容器中心线的距离,mm
l_i	第 i 计算段长度,mm
l_k	筋板长度,mm
l_m	检查孔或较大管线引出孔加强管长度,mm
l_0	操作平台所在计算段的长度,mm

符号	符号说明
L_2	筋板宽度,mm
L_3	筋板内侧间距,mm
L_4	垫板厚度,mm
M	外力矩,应计入法兰截面处的最大力矩 M_{max}^{1-1}、管线推力引起的力矩和其他机械载荷引起的力矩,N·mm
M_{ea}^{1-1}	任意计算截面 I—I 处的共振弯矩,N·mm
M_{cw}^{1-1}	任意计算截面 I—I 处的共振时的顺风向弯矩,N·mm
M_E^{1-1}	任意计算截面 I—I 处的地震弯矩,N·mm
M_{EI}^{1-1}	任意计算截面 I—I 处的基本振型地震弯矩,N·mm
M_E^{0-0}	底部截面 0—0 处的地震弯矩,N·mm
M_{EI}^{0-0}	底部截面 0—0 处的基本振型地震弯矩,N·mm
M_e	偏心质量引起的弯矩,N·mm
M_{ew}^{1-1}	任意计算截面 I—I 处共振时的组合风弯矩,N·mm
M_{max}^{h-h}	计算截面 h—h 处的最大弯矩,N·mm
M_{max}^{1-1}	任意计算截面 I—I 处的最大弯矩,N·mm
M_{max}^{J-J}	搭接焊缝 J—J 截面处的最大弯矩,N·mm
M_{max}^{0-0}	底部截面 0—0 处的最大弯矩,N·mm
M_w^{h-h}	计算截面 h—h 处的风弯矩,N·mm
M_w^{1-1}	任意计算截面 I—I 处的风弯矩,N·mm
M_w^{0-0}	底部截面 0—0 处的风弯矩,N·mm
m_a	人孔、接管、法兰等附属件质量,kg
m_e	偏心质量,kg
m_{eq}	计算垂直地震力时,塔式容器的当量质量,取 $m_{eq}=0.75m_0$,kg
m_i	塔设备第 i 计算段的操作质量,kg
m_k	距地面 h_k 处的集中质量,kg
m_{max}	塔式容器液压试验状态时的最大质量,kg
m_{max}^{h-h}	计算截面 h—h 以上塔式容器液压试验状态时的最大质量,kg
m_{max}^{J-J}	搭接焊缝截面 J—J 以上塔式容器液压试验状态时的最大质量,kg
m_{min}	塔式容器安装状态时的最小质量,kg
m_T^{1-1}	耐压试验时,计算截面 I—I 以上的质量(只计入塔壳、内构件、偏心质量、保温层、扶梯及平台质量),kg
m_w	耐压试验时,塔式容器内充液质量,kg
m_0	塔式容器的操作质量,kg
m_0^{h-h}	计算截面 h—h 以上塔式容器的操作质量,kg

续表

符号	符号说明
$m_0^{\mathrm{I-I}}$	任意计算截面 $\mathrm{I-I}$ 以上塔式容器的操作质量,kg
$m_0^{\mathrm{J-J}}$	搭接焊缝截面 $\mathrm{J-J}$ 以上塔式容器的操作质量,kg
m_{01}	塔壳和裙座壳质量,kg
m_{02}	内件质量,kg;
m_{03}	保温材料质量,kg
m_{04}	平台、扶梯质量,kg
m_{05}	操作时塔式容器内物料质量,kg
p_{c}	计算压力,MPa
p_{e}	法兰的当量设计压力,MPa
$P_1,P_2,\cdots,P_i$	塔式容器各计算段的水平风力,N
q_0	基本风压值(见表 5-22)。各地区的基本风压值见 GB 50009 中有关规定,但均不应小于 300 $\mathrm{N/m^2}$
R_{eL}	材料屈服强度,MPa
St	斯特罗哈数,取 $St=0.2$
T_1	基本振型自振周期,s
$T_2 \mathsf{、} T_3$	第二、第三振型自振周期,s
T_{g}	各类场地土的特征周期(见表 5-21),s
T_i	第 i 振型的自振周期,s
v_{ci}	第 i 振型共振时的临界风速,m/s
Z_{b}	基础环的抗弯截面系数(见图 5-36、图 5-37),mm^3;$Z_{\mathrm{b}}=\dfrac{\pi(D_{\mathrm{ob}}^4-D_{\mathrm{ib}}^4)}{32D_{\mathrm{ob}}}$;
Z_{sb}	裙座圆筒或锥壳底部抗弯截面系数,mm^3;$Z_{\mathrm{sb}}=\dfrac{\pi}{4}D_{\mathrm{is}}^2\delta_{\mathrm{es}}$
Z_{sm}	$h-h$ 截面处的裙座壳的抗弯截面系数(见图 5-35),mm^3 $Z_{\mathrm{sm}}=\dfrac{\pi}{4}D_{\mathrm{im}}^2\delta_{\mathrm{es}}-\sum\left(b_{\mathrm{m}}D_{\mathrm{im}}\dfrac{\delta_{\mathrm{es}}}{2}-Z_{\mathrm{m}}\right)$ $Z_{\mathrm{m}}=2\delta_{\mathrm{m}}l_{\mathrm{m}}\sqrt{\left(\dfrac{D_{\mathrm{im}}}{2}\right)^2-\left(\dfrac{b_{\mathrm{m}}}{2}\right)^2}$
α	地震影响系数,按图 5-32 确定
α_1	对应于塔式容器基本振型自振周期 T_1 的地震影响系数
$\alpha_{\max}$	地震影响系数的最大值,见表 5-20
α_{vmax}	垂直地震影响系数最大值,$\alpha_{\mathrm{vmax}}=0.65\alpha_{\max}$
β	锥壳半锥顶角
γ	地震影响系数曲线下降段的衰减系数(见图 5-32)
θ	锥形裙座壳半锥顶角
δ_{b}	基础环计算厚度,mm

符号	符号说明
δ_c	盖板厚度,mm
δ_e	塔壳圆筒或锥壳的有效厚度,mm
δ_{eh}	封头的有效厚度,mm
δ_{ei}	各计算截面的圆筒或锥壳的有效厚度,mm
δ_{es}	裙座壳的有效厚度,mm
δ_m	$h-h$ 截面处加强管的厚度(见图 5-35),mm
δ_n	塔壳圆筒或封头的名义厚度,mm
δ_{ns}	裙座壳的名义厚度,mm
δ_{ps}	管线保温层厚度,mm
δ_{si}	塔壳圆筒或锥壳保温层或防火层厚度,mm
δ_z	垫板厚度,mm
δ_1	复合钢板基层钢板的名义厚度,mm
δ_2	复合钢板覆层材料的厚度,不计入腐蚀裕量,mm
ν_i	脉动影响系数,见表 5-25
ν	系数,$\nu=1.5+\dfrac{2}{3}\left(\dfrac{\lambda}{\lambda_c}\right)^2$
ξ	脉动增大系数,见表 5-24
ξ_i	第 i 阶阵型阻尼比
η_{1k}	基本振型参与系数,按式(5-6)计算
η_1	地震影响系数曲线直线下降段下降斜率的调整系数,按式(5-8)计算
η_2	地震影响系数曲线的阻尼调整系数,按式(5-9)计算
ρ	耐压试验时试验介质的密度(当介质为水时,$\rho=1000\mathrm{kg/m^3}$),$\mathrm{kg/m^3}$
ρ_i	惯性半径,对长方形截面的筋板取 $0.289\delta_G$,mm
σ_B	地脚螺栓的最大拉应力,MPa
σ_G	筋板的压应力,按式(5-55)计算,MPa
σ_z	盖板的最大应力,按式(5-59)、式(5-60)计算,MPa
σ_1	由压力(内压或外压)引起的轴向应力,MPa
σ_2	由垂直载荷引起的轴向应力,MPa
σ_3	由弯矩引起的轴向应力,MPa
$[\sigma]$	试验温度下塔式容器元件金属材料的许用应力,MPa
$[\sigma]^t$	设计温度下塔式容器元件金属材料的许用应力,MPa
$[\sigma]_{cr}$	设计温度下塔壳或裙座壳的许用轴向压应力,MPa
$[\sigma]_F^t$	设计温度下复合钢板的许用应力,MPa
$[\sigma]_G$	筋板材料的许用应力,MPa
$[\sigma]^t$	设计温度下裙座材料的许用应力,MPa

符号	符号说明
$[\sigma]_w^t$	设计温度下焊接接头许用应力，MPa
ϕ	焊接接头系数
ϕ_{zi}	振型系数，见表 5-26
λ	细长比；$\lambda=\dfrac{0.5 l_K}{\rho_i}$
λ_c	临界细长比；$\lambda_c=\sqrt{\dfrac{\pi^2 E^t}{0.6[\sigma]_G}}$

5.5.2　质量载荷计算

塔设备的操作质量 m_0 为

$$m_0=m_{01}+m_{02}+m_{03}+m_{04}+m_{05}+m_a+m_e \tag{5-1}$$

塔设备的最大质量 m_{max} 为

$$m_{max}=m_{01}+m_{02}+m_{03}+m_{04}+m_w+m_a+m_e \tag{5-2}$$

塔设备的最小质量 m_{min} 为

$$m_{min}=m_{01}+0.2m_{02}+m_{03}+m_{04}+m_a \tag{5-3}$$

式（5-3）中的 $0.2m_{02}$ 系焊在壳体上的内件的质量，如塔盘支持圈、降液板等。当空塔起吊时，如未装保温层、平台、扶梯，则 m_{min} 应扣除 m_{03} 和 m_{04}。

式中的壳体和裙座质量 m_{01} 按求出的壳体名义厚度 δ_n、封头名义厚度 δ_{nH} 及裙座名义厚度 δ_{ns} 计算，也可分段计算。部分塔设备零部件，若无实际资料，可参考表 5-19，计算中注意单位统一。

表 5-19　塔设备部分零部件质量参考值（摘自 NB/T 47041—2014）

名称	笼式扶梯	开式扶梯	钢制平台	条形(圆)泡罩塔盘	舌形塔盘
单位质量	40kg/m	15~24kg/m	150kg/m²	150kg/m²	75kg/m²
名称	筛板塔盘	浮阀塔盘	塔盘充液重	保温层	瓷环填料
单位质量	65kg/m²	75kg/m²	70kg/m²	30kg/m	700kg/m

5.5.3　自振周期

分析塔设备的振动时，一般情况下不考虑平台与外部接管的限制作用以及地基变形的影响，而将塔设备看成是顶端自由，底端刚性固定，质量沿高度连续分布的悬臂梁。对于直径、厚度相等的塔设备，其基本振型的自振周期 T_1 按式（5-4）计算

$$T_1=90.33H\sqrt{\frac{m_0 H}{E^t\delta_e D_i^3}}\times 10^{-3} \tag{5-4}$$

5.5.4　地震载荷计算

当发生地震时，塔设备作为悬臂梁，在地震载荷作用下产生弯曲变形。安装在 7 度或 7 度以上地震烈度地区的塔设备必须考虑它的抗震能力，计算出它的地震载荷。

（1）水平地震力　任意高度 h_k 处（见图 5-31）的集中质量 m_k 引起的基本振型水平地震力 F_{1k} 按式（5-5）计算

$$F_{1k} = \alpha_1 \eta_{1k} m_k g \tag{5-5}$$

其中 η_{1k} 按式（5-6）计算。α_1 由图 5-32 确定，图中 $\alpha_{\max}$ 根据设防烈度按表 5-20 选取，T_g 为各类场地土的特征周期，见表 5-21。图中曲线部分 α 按图计算，其中曲线下降段的衰减指数 γ，根据塔设备的阻尼比（一阶振型 $\xi_1 = 0.01 \sim 0.03$）按式（5-7）确定。直线下降段下降斜率的调整系数 η_1 按式（5-8）计算。阻尼调整系数 η_2 按式（5-9）计算

$$\eta_{1k} = \frac{h_k^{1.5} \sum\limits_{i=1}^{n} m_i h_i^{1.5}}{\sum\limits_{i=1}^{n} m_i h_i^3} \tag{5-6}$$

$$\gamma = 0.9 + \frac{0.05 - \xi_i}{0.3 + 6\xi_i} \tag{5-7}$$

$$\eta_1 = 0.02 + \frac{0.05 - \xi_i}{4 + 32\xi_i} \tag{5-8}$$

$$\eta_2 = 1 + \frac{0.05 - \xi_i}{0.08 + 1.6\xi_i} \tag{5-9}$$

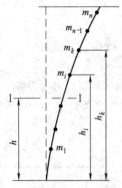

图 5-31 多质点体系基本振型示意图   图 5-32 地震影响系数曲线图

表 5-20 对应于设防烈度的设计基本地震加速度和 $\alpha_{\max}$

设防烈度	7		8		9
设计基本地震加速度	0.1g	0.15g	0.2g	0.3g	0.4g
地震影响系数最大值 $\alpha_{\max}$	0.08	0.12	0.16	0.24	0.32

表 5-21 各类场地土的特征周期 T_g   s

设计地震分组	场地土类别				
	I_0	I_1	II	III	IV
第一组	0.20	0.25	0.35	0.45	0.65
第二组	0.25	0.30	0.4	0.55	0.75
第三组	0.30	0.35	0.45	0.65	0.90

（2）**垂直地震力** 地震烈度为 8 度或 9 度地区的塔设备还应考虑上下两个方向垂直地震力作用，见图 5-33。对 $H/D \leqslant 5$ 的塔式容器，不计入垂直地震力的影响。

塔设备底截面处的垂直地震力 F_v^{0-0} 按式（5-10）计算

$$F_v^{0-0} = \alpha_{vmax} m_{eq} g \qquad (5-10)$$

任意质量 i 处所分配的垂直地震力 F_{vi}（沿塔高按倒三角形分布重新分配）按式（5-11）计算

$$F_{vi} = \frac{m_i h_i}{\sum\limits_{k=i}^{n} m_k h_k} F_v^{0-0} \qquad (i = 1,2,\cdots,n) \qquad (5-11)$$

任意计算截面 i 处垂直地震力 F_v^{I-I} 按式（5-12）计算

$$F_v^{I-I} = \sum_{k=i}^{n} F_{vi} \qquad (i = 1,2,\cdots,n) \qquad (5-12)$$

（3）地震弯矩　塔设备任意计算截面 I—I 处基本振型地震弯矩 M_{EI}^{I-I} 按式（5-13）计算（见图 5-33）

$$M_{EI}^{I-I} = \sum_{k=i}^{n} F_{1k}(h_k - h) \qquad (i = 1,2,\cdots,n) \qquad (5-13)$$

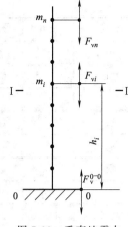

图 5-33　垂直地震力作用示意图

对于等直径、等壁厚塔设备的任意截面 I—I 和底截面 0—0 的基本振型地震弯矩分别按式（5-14）和式（5-15）计算

$$M_{EI}^{I-I} = \frac{8\alpha_1 m_0 g}{175 H^{2.5}} (10 H^{3.5} - 14 H^{2.5} h + 4 h^{3.5}) \qquad (5-14)$$

$$M_{EI}^{0-0} = \frac{16}{35} \alpha_1 m_0 g H \qquad (5-15)$$

5.5.5　风载荷计算

塔设备受风压作用时，塔体会发生弯曲变形。吹到塔设备迎风面上（顺风向）的风压值，随设备高度的增加而增加。为计算简便，将风压值按塔设备高度分为几段，假设每段风压值各自均匀分布于塔设备的迎风面上，如图 5-34 所示。

塔设备的计算截面应选取在其较薄弱的部位，如：塔设备的底部截面 0—0、裙座上人孔或较大管线引出孔处的截面 h—h、塔体与裙座连接焊缝处的截面 2—2。两相邻计算截面区间为一计算段；任一计算段的风载荷，就是集中作用在该段中点上的风压合力。任一计算段风载荷的大小，与设备所在地区的基本风压值 q_0 有关，同时也和设备的高度、直径、形状以及自振周期有关。

（1）顺风向风载荷　两相邻计算截面间所形成的每计算段的顺风向水平风力按式（5-16）计算

$$P_1 = K_1 K_{21} q_0 f_1 l_1 D_{e1} \times 10^{-6}$$

$$P_2 = K_1 K_{22} q_0 f_2 l_2 D_{e2} \times 10^{-6}$$

$$\vdots \qquad\qquad (5-16)$$

$$P_i = K_i K_{2i} q_0 f_i l_i D_{ei} \times 10^{-6}$$

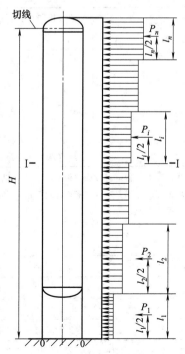

图 5-34　风弯矩计算简图

表 5-22　10m 高度处我国各地基本风压值 q_0 N/m²

地区	上海	南京	徐州	扬州	南通	杭州	宁波	衢州	温州
q_0	450	250	350	350	400	300	500	400	550
地区	福州	广州	茂名	湛江	北京	天津	保定	石家庄	沈阳
q_0	600	500	550	850	350	350	400	300	450
地区	长春	抚顺	大连	吉林	四平	哈尔滨	济南	青岛	郑州
q_0	500	450	500	400	550	400	400	500	350
地区	洛阳	蚌埠	南昌	武汉	包头	呼和浩特	太原	大同	兰州
q_0	300	300	400	250	450	500	300	450	300
地区	银川	长沙	株洲	南宁	成都	重庆	贵阳	西安	延安
q_0	500	350	350	400	250	300	250	350	250
地区	昆明	西宁	拉萨	乌鲁木齐	台北	台东			
q_0	200	350	350	600	1200	1500			

注：河道、峡谷、山坡、山岭、山沟交汇口、山沟的转弯处及垭口应根据实测值选取。

当笼式扶梯与塔顶管线布置成 180° 时，各计算段有效直径按式（5-17）计算；当笼式扶梯与塔顶管线布置成 90° 时，取式（5-18）和式（5-19）中较大者

$$D_{ei}=D_{oi}+2\delta_{si}+K_3+K_4+d_0+2\delta_{ps} \tag{5-17}$$

$$D_{ei}=D_{oi}+2\delta_{si}+K_3+K_4 \tag{5-18}$$

$$D_{ei}=D_{oi}+2\delta_{si}+K_4+d_0+2\delta_{ps} \tag{5-19}$$

表 5-23　风压高度变化系数 f_i

距地面高度 H_{it}/m	地面粗糙度类别				距地面高度 H_{it}/m	地面粗糙度类别			
	A	B	C	D		A	B	C	D
5	1.17	1.00	0.74	0.62	60	2.12	1.77	1.35	0.93
10	1.38	1.00	0.74	0.62	70	2.20	1.86	1.45	1.02
15	1.52	1.14	0.74	0.62	80	2.27	1.95	1.54	1.11
20	1.63	1.25	0.84	0.62	90	2.34	2.02	1.62	1.19
30	1.80	1.42	1.00	0.62	100	2.40	2.09	1.70	1.27
40	1.92	1.56	1.13	0.73	150	2.64	2.38	2.03	1.61
50	2.03	1.67	1.25	0.84					

注：A 类系指近海海面、海岛、海岸、湖岸及沙漠地区；B 类系指田野、乡村、丛林、丘陵以及房屋比较稀疏的乡镇和城市郊区；C 类系指有密集建筑群的城市市区；D 类系指有密集建筑群且房屋较高的城市市区。表中中间值可采用线性内插法求取。

表 5-24　脉动增大系数 ξ

$q_1T_1^2/(\text{N}\cdot\text{s}^2/\text{m}^2)$	10	20	40	60	80	100	200	400	600
ξ	1.47	1.57	1.69	1,77	1.83	1.88	2.04	2.24	2.36
$q_1T_1^2/(\text{N}\cdot\text{s}^2/\text{m}^2)$	800	1000	2000	4000	6000	8000	10000	20000	30000
ξ	2.46	2.53	2.80	3.09	3.28	3.42	3.54	3.91	4.14

注：计算 $q_1T_1^2$ 时，对 B 类可直接代入基本风压，即 $q_1=q_0$，而对 A 类以 $q_1=1.38q_0$，C 类以 $q_1=0.62q_0$，D 类以 $q_1=0.32q_0$；表中中间值可采用线性内插法求取。

表 5-25　脉动影响系数 ν_i

粗糙度类别	距地面高度 H_{it}/m									
	10	20	30	40	50	60	70	80	100	150
A	0.78	0.83	0.86	0.87	0.88	0.89	0.89	0.89	0.89	0.87
B	0.72	0.79	0.83	0.85	0.87	0.88	0.89	0.89	0.90	0.89
C	0.64	0.73	0.78	0.82	0.85	0.87	0.90	0.90	0.91	0.93
D	0.53	0.65	0.72	0.77	0.81	0.84	0.89	0.90	0.92	0.97

注：中间值可采用线性内插法求取。

表 5-26　振型系数 ϕ_{zi}

相对高度 h_{it}/H	振型序号		相对高度 h_{it}/H	振型序号	
	1	2		1	2
0.10	0.02	−0.09	0.60	0.46	−0.59
0.20	0.06	−0.30	0.70	0.59	−0.32
0.30	0.14	−0.53	0.80	0.79	0.07
0.40	0.23	−0.68	0.90	0.86	0.52
0.50	0.34	−0.71	1.00	1.00	1.00

注：中间值可采用线性内插法求取。

（2）顺风向风弯矩　塔设备任意计算截面 I—I 处的风弯矩 $M_{\mathrm{w}}^{\mathrm{I-I}}$ 按式（5-20）计算

$$M_{\mathrm{w}}^{\mathrm{I-I}}=P_i\frac{l_i}{2}+P_{i+1}\left(l_i+\frac{l_{i+1}}{2}\right)+P_{i+2}\left(l_i+l_{i+1}+\frac{l_{i+2}}{2}\right)+\cdots \tag{5-20}$$

塔设备底截面 0—0 处的风弯矩 M_{w}^{0-0} 按式（5-21）计算

$$M_{\mathrm{w}}^{0-0}=P_1\frac{l_1}{2}+P_2\left(l_1+\frac{l_2}{2}\right)+P_3\left(l_1+l_2+\frac{l_3}{2}\right)+\cdots \tag{5-21}$$

当 $H/D>15$ 且 $H>30\mathrm{mm}$ 时，还应计算横风向风振。

5.5.6　偏心弯矩计算

当塔设备的外侧悬挂有分离器、再沸器、冷凝器等附属设备时，可将其视为偏心载荷。由于有偏心距 l_e 的存在，偏心载荷在塔截面上引起偏心弯矩 M_e。偏心载荷引起偏心弯矩沿塔高无变化，可按式（5-22）计算

$$M_e=m_e g l_e \tag{5-22}$$

5.5.7　最大弯矩计算

仅考虑顺风向时，塔器任意计算截面 I—I 处的最大弯矩 $M_{\max}^{\mathrm{I-I}}$ 按式（5-23）计算，塔器底部截面 0—0 处的最大弯矩 $M_{\max}^{0-0}$ 按式（5-24）计算，并分别取其中较大值

$$M_{\max}^{\mathrm{I-I}}=\begin{cases}M_{\mathrm{w}}^{\mathrm{I-I}}+M_e\\ M_{\mathrm{E}}^{\mathrm{I-I}}+0.25M_{\mathrm{w}}^{\mathrm{I-I}}+M_e\end{cases} \tag{5-23}$$

$$M_{\max}^{0-0}=\begin{cases}M_{\mathrm{w}}^{0-0}+M_e\\ M_{\mathrm{E}}^{0-0}+0.25M_{\mathrm{w}}^{0-0}+M_e\end{cases} \tag{5-24}$$

5.5.8　轴向应力校核

塔设备的各种载荷，会引起轴向应力和最大组合应力，设计时需对其进行校核，使之满足稳定条件。

5.5.8.1　许用轴向压缩应力

塔设备的许用轴向压缩应力 $[\sigma]_{\mathrm{cr}}^{t}$ 取 B 值，且不得大于 $[\sigma]^{t}$。塔设备圆筒或者锥壳的 B

值按下列步骤求取。

① 按式（5-25）计算系数 A

$$A = \frac{0.094\delta_e}{R_0} \tag{5-25}$$

② 根据材料，查 GB/T 150.3（或参考文献 ［1］ 十一章）中对应外压圆筒应力系数曲线图。若 A 值落在设计温度下金属材料线的右方，则此点垂直上移，与设计温度下金属材料线相交（中间温度用内插法），再过此交点水平方向右移，得到 B 值；若 A 值落在设计温度线下金属材料线的左方，则按式（5-26）计算 B 值

$$B = \frac{2}{3}AE^t \tag{5-26}$$

5.5.8.2　圆筒形塔壳轴向应力校核

① 圆筒任意计算截面处 I—I 的轴向应力计算。由内压和外压引起的轴向应力 σ_1 按式（5-27）计算

$$\sigma_1 = \frac{p_c D_i}{4\delta_{ei}} \tag{5-27}$$

其中设计压力 p_c 取绝对值。

② 操作或者非操作时重力及垂直地震力引起的轴向应力 σ_2 按式（5-28）计算

$$\sigma_2 = \frac{m_0^{I-I}g \pm F_v^{I-I}}{\pi D_i \delta_{ei}} \tag{5-28}$$

其中 F_v^{I-I} 仅在最大弯矩为地震弯矩参与组合时计入此项。

③ 弯矩引起的轴向应力 σ_3 按式（5-29）计算

$$\sigma_3 = \frac{4M_{max}^{I-I}}{\pi D_i^2 \delta_{ei}} \tag{5-29}$$

5.5.8.3　圆筒轴向压应力（稳定性）校核

圆筒许用轴向压应力 $[\sigma]_{cr}$ 按式（5-30）确定

$$[\sigma]_{cr} = \min\{KB, K[\sigma]^t\} \tag{5-30}$$

内压塔式容器圆筒最大组合压应力（非操作情况下）按式（5-31）计算

$$\sigma_2 + \sigma_3 \leqslant [\sigma]_{cr} \tag{5-31}$$

真空塔式容器圆筒最大组合压应力（操作情况下）按式（5-32）计算

$$\sigma_1 + \sigma_2 + \sigma_3 \leqslant [\sigma]_{cr} \tag{5-32}$$

5.5.8.4　圆筒拉应力（强度）校核

内压塔式容器圆筒最大组合拉应力（操作情况下）按式（5-33）计算

$$\sigma_1 - \sigma_2 + \sigma_3 \leqslant K[\sigma]^t \phi \tag{5-33}$$

真空塔式容器圆筒最大组合拉应力（非操作情况下）按式（5-34）计算

$$-\sigma_2 + \sigma_3 \leqslant K[\sigma]^t \phi \tag{5-34}$$

如校核不能满足以上条件，应重新设定塔设备圆筒的有效厚度 δ_{ei}，重复上述计算，直至满足要求。

5.5.9　耐压试验时的应力校核

（1）圆筒应力　选定的塔设备的各计算截面轴向应力按式（5-35）～式（5-37）进行计算。耐压试验压力引起的轴向应力 σ_{T1} 按下式计算

$$\sigma_{T1} = \frac{p_T D_i}{4\delta_{ei}} \quad \text{MPa} \tag{5-35}$$

重力引起的轴向应力 σ_{T2} 按下式计算

$$\sigma_{T2} = \frac{m_T^{I-I} g}{\pi D_i \delta_{ei}} \quad \text{MPa} \tag{5-36}$$

弯矩引起的轴向应力 σ_{T3} 按下式计算

$$\sigma_{T3} = \frac{4(0.3 M_w^{1-I} + M_e)}{\pi D_i^2 \delta_{ei}} \quad \text{MPa} \tag{5-37}$$

（2）应力校核　耐压试验时，圆筒材料的许用轴向压应力 $[\sigma]_{Tcr}$ 按式（5-38）确定

$$[\sigma]_{Tcr} = \min\{B, 0.9 R_{eL}\} \tag{5-38}$$

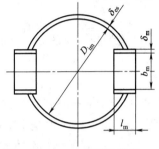

图 5-35　$h-h$ 截面示意图

液压试验时，圆筒最大组合应力按式（5-39）和式（5-40）校核：

轴向拉应力　$\sigma_{T1} - \sigma_{T2} + \sigma_{T3} \leqslant 0.9 R_{eL} \phi \tag{5-39}$

轴向压应力　$\sigma_{T2} + \sigma_{T3} \leqslant [\sigma]_{Tcr} \tag{5-40}$

5.5.10　裙座轴向应力校核

圆筒形裙座轴向应力校核首先选取裙座危险截面。一般取裙座底部截面（0—0）和裙座检查孔或较大管线引出孔（$h-h$）截面处（见图 5-35）。然后按裙座有效厚度 δ_{es} 验算危险截面的应力。

（1）裙座底部截面的轴向压应力　裙座底截面的组合应力操作时按式（5-41）计算，耐压试验时式（5-42）计算

$$\frac{1}{\cos\theta}\left(\frac{M_{max}^{0-0}}{Z_{sb}} + \frac{m_0 g + F_v^{0-0}}{A_{sb}}\right) \leqslant \begin{cases} KB\cos^2\theta \\ K[\sigma]_s^t \end{cases} \quad \text{取其中较小值} \tag{5-41}$$

其中 F_v^{0-0} 仅在最大弯矩为地震弯矩参与组合时计入此项。

$$\frac{1}{\cos\theta}\left(\frac{0.3 M_w^{0-0} + M_e}{Z_{sb}} + \frac{m_{max} g}{A_{sb}}\right) \leqslant \begin{cases} B\cos^2\theta \\ 0.9 R_{eL}（或 R_{p0.2}） \end{cases} \quad \text{取其中较小值} \tag{5-42}$$

（2）裙座检查孔和较大管线引出孔截面处组合应力　裙座检查孔和较大管线引出孔（见图 5-35）$h-h$ 截面处组合应力操作时按式（5-43）计算，耐压试验时按（5-44）校核

$$\frac{1}{\cos\theta}\left(\frac{M_{max}^{h-h}}{Z_{sm}} + \frac{m_0^{h-h} g + F_v^{h-h}}{A_{sm}}\right) \leqslant \begin{cases} KB\cos^2\theta \\ K[\sigma]_s^t \end{cases} \quad \text{取其中较小值} \tag{5-43}$$

其中 F_v^{h-h} 仅在最大弯矩为地震弯矩参与组合时计入此项。

$$\frac{1}{\cos\theta}\left(\frac{0.3 M_w^{h-h} + M_e}{Z_{sm}} + \frac{m_{max}^{h-h} g}{A_{sm}}\right) \leqslant \begin{cases} B\cos^2\theta \\ 0.9 R_{eL}（或 R_{p0.2}） \end{cases} \quad \text{取其中较小值} \tag{5-44}$$

如校核不能满足条件时，应重新设定裙座壳有效厚度 δ_{es}，重复上述计算，直至满足要求。

5.5.11　地脚螺栓座

5.5.11.1　基础环设计

（1）基础环内、外径（见图 5-36、图 5-37）　可参考式（5-45）、式（5-46）选取

$$D_{ib} = D_{is} - (160 \sim 400) \tag{5-45}$$

$$D_{ob} = D_{is} + (160 \sim 400) \tag{5-46}$$

（2）基础环厚度计算　按以下步骤计算。

无筋板（见图 5-36）时基础环厚度按式（5-47）计算

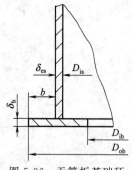

图 5-36　无筋板基础环

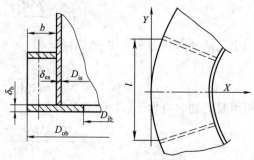

图 5-37　有筋板基础环

$$\delta_b = 1.73b \sqrt{\frac{\sigma_{bmax}}{[\sigma]_b}} \qquad (5\text{-}47)$$

有筋板（见图 5-37）时基础环厚度按式（5-48）计算

$$\delta_b = \sqrt{\frac{6M_s}{[\sigma]_b}} \qquad (5\text{-}48)$$

式中　　$[\sigma]_b$——基础环材料的许用应力，对低碳钢取 $[\sigma]_b = 148MPa$；

　　　　σ_{bmax}——混凝土基础上的最大压应力，取式（5-49）计算中的较大值（其中 F_v^{0-0} 仅在最大弯矩为地震弯矩参与组合时计入此项）；

　　　　M_s——计算力矩，取矩形板 X、Y 轴的弯矩 M_x、M_y 中绝对值较大者 [按式（5-50）]。

M_x、M_y 值分别按式（5-51）和式（5-52）计算，其中系数 C_x、C_y 按表 5-27 选取；无论无筋板或有筋板的基础环，其厚度均不得小于 16mm。

表 5-27　矩形板力矩 C_x、C_y 系数表

b/l	C_x	C_y	b/l	C_x	C_y
0	−0.5000	0	1.6	−0.0485	0.1260
0.1	−0.5000	0.0000	1.7	−0.0430	0.1270
0.2	−0.4900	0.0006	1.8	−0.0384	0.1290
0.3	−0.4480	0.0051	1.9	−0.0345	0.1300
0.4	−0.3850	0.0151	2.0	−0.0312	0.1300
0.5	−0.3190	0.0293	2.1	−0.0283	0.1310
0.6	−0.2600	0.0453	2.2	−0.0258	0.1320
0.7	−0.2120	0.0610	2.3	−0.0236	0.1320
0.8	−0.1730	0.0751	2.4	−0.0217	0.1320
0.9	−0.1420	0.0872	2.5	−0.0200	0.1330
1.0	−0.1180	0.0972	2.6	−0.0185	0.1330
1.1	−0.0995	0.1050	2.7	−0.0171	0.1330
1.2	−0.0846	0.1120	2.8	−0.0159	0.1330
1.3	−0.0726	0.1160	2.9	−0.0149	0.1330
1.4	−0.0629	0.1200	3.0	−0.0139	0.1330
1.5	−0.0550	0.1230	—	—	—

注：l 为两相邻筋板最大外侧间距；b 基础环外部的径向宽度，$b = (D_{ob} - D_{os})/2$，见图 5-37。

$$\sigma_{bmax} = \begin{cases} \dfrac{M_{max}^{0-0}}{Z_b} + \dfrac{m_0 g + F_v^{0-0}}{A_b} \\[4mm] \dfrac{0.3M_w^{0-0} + M_e}{Z_b} + \dfrac{m_{max} g}{A_b} \end{cases} \quad 取其中较大值 \qquad (5\text{-}49)$$

$$M_s = \max\{|M_x|, |M_y|\} \tag{5-50}$$

$$M_x = C_x \sigma_{bmax} b^2 \tag{5-51}$$

$$M_y = C_y \sigma_{bmax} l^2 \tag{5-52}$$

5.5.11.2 地脚螺栓

地脚螺栓座相关尺寸见图 5-38。

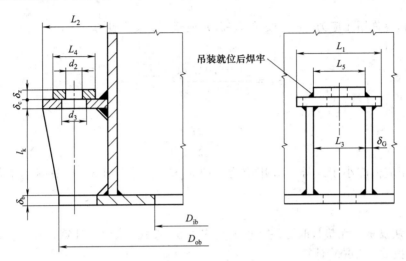

图 5-38　地脚螺栓座尺寸

地脚螺栓承受的最大拉应力 σ_B 按式（5-53）计算

$$\sigma_B = \begin{cases} \dfrac{M_w^{0-0} + M_e}{Z_b} - \dfrac{m_{min} g}{A_b} \\[4mm] \dfrac{M_E^{0-0} + 0.25 M_w^{0-0} + M_e}{Z_b} - \dfrac{m_0 g - F_v^{0-0}}{A_b} \end{cases} \quad 取其中较大值 \tag{5-53}$$

其中 F_v^{0-0} 仅在最大弯矩为地震弯矩参与组合时计入此项。

当 $\sigma_B \leqslant 0$ 时，塔设备自身稳定，但为固定塔设备位置，应设置一定数量的地脚螺栓。

当 $\sigma_B > 0$ 时，塔设备应设置地脚螺栓。地脚螺栓的螺纹根径应按式（5-54）计算

$$d_1 = \sqrt{\frac{4\sigma_B A_b}{\pi n [\sigma]_{bt}}} + C_2 \tag{5-54}$$

式中，C_2 为地脚螺栓腐蚀裕量，通常取 $C_2 = 3mm$；n 为地脚螺栓个数，一般取 4 的倍数，对小直径塔设备可取 $n = 6$；$[\sigma]_{bt}$ 为地脚螺栓材料的许用应力，对 Q235 系列，取 $[\sigma]_{bt} = 147MPa$，对 Q345 系列，取 $[\sigma]_{bt} = 170MPa$，圆整后地脚螺栓的公称直径不得小于 M24，计算后所得螺纹根径，可参考表 5-28 选择螺栓公称直径。

表 5-28　常用地脚螺栓规格

螺栓公称直径	M24	M27	M30	M36	M42	M48	M56	M64	M72	M76	M80	M90
螺纹根径 d_1/mm	20.752	23.752	26.211	31.670	37.129	42.587	50.046	57.505	65.505	69.505	73.505	83.505

5.5.11.3 筋板

筋板的压应力 σ_G 按式（5-55）计算

$$\sigma_G = \frac{F_1}{n_1 \delta_G l_2'} \tag{5-55}$$

式中，F_1 为一个地脚螺栓承受的最大拉力，按式（5-56）计算；n_1 为对应一个地脚螺栓的筋板个数；l_2' 为筋板宽度；δ_G 为筋板厚度。

$$F_1 = \frac{\sigma_B A_{bt}}{n} \tag{5-56}$$

筋板的临界许用压应力 $[\sigma]_c$ 按式（5-57）或式（5-58）计算

当 $\lambda \leqslant \lambda_c$ 时

$$[\sigma]_c = \frac{[1-0.4(\lambda/\lambda_c)^2][\sigma]_G}{\nu} \tag{5-57}$$

当 $\lambda > \lambda_c$ 时

$$[\sigma]_c = \frac{0.277[\sigma]_G}{(\lambda/\lambda_c)^2} \tag{5-58}$$

筋板的压应力应小于或等于许用应力，即 $\sigma_G \leqslant [\sigma]_c$。但 δ_G 一般不小于 2/3 基础环厚度。

5.5.11.4　盖板

（1）分块盖板　无垫板时分块盖板最大应力 σ_z 按式（5-59）计算，有垫板时分块盖板最大应力 σ_z 按式（5-60）计算

$$\sigma_z = \frac{F_1 L_3}{(L_2-d_3)\delta_c^2} \tag{5-59}$$

$$\sigma_z = \frac{F_1 L_3}{(L_2-d_3)\delta_c^2 + (L_4-d_2)\delta_z^2} \tag{5-60}$$

一般分块盖板厚度不小于基础环厚度。

（2）环形盖板　无垫板时环形盖板最大应力按式（5-61）计算，有垫板时环形盖板最大应力按式（5-62）计算

$$\sigma_z = \frac{3FL_3}{4(L_2-d_3)\delta_c^2} \tag{5-61}$$

$$\sigma_z = \frac{3FL_3}{4(L_2-d_3)\delta_c^2 + 4(L_4-d_2)\delta_z^2} \tag{5-62}$$

一般环形盖板厚度不小于基础环厚度。

盖板最大应力应等于或小于盖板材料的许用应力，即 $\sigma_z \leqslant [\sigma]_z$。对低碳钢盖板的许用应力 $[\sigma]_z = 147\text{MPa}$。

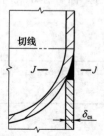

图 5-39　对接焊缝示意图

5.5.12　裙座与塔壳连接焊缝

对接焊缝 $J-J$ 截面处（见图 5-39）的拉应力按式（5-63）校核

$$\frac{4M_{\max}^{J-J}}{\pi D_{it}^2 \delta_{es}} + \frac{m_0^{J-J} g - F_v^{J-J}}{\pi D_{it} \delta_{es}} \leqslant 0.6K[\sigma]_w^t \tag{5-63}$$

其中 F_v^{J-J} 仅在最大弯矩为地震弯矩参与组合时计入此项。

5.5.13　塔设备法兰当量设计压力

当塔设备分段安装采用法兰连接时，考虑内压、轴向力和外力矩的作用，其当量设计压力按式（5-64）确定

$$p_e = \frac{16M}{\pi D_G^3} + \frac{4F_z}{\pi D_G^2} + p_c \tag{5-64}$$

5.5.14　塔设备设计计算举例

5.5.14.1　塔设备设计任务书（见表 5-2 所给参数）

5.5.14.2　塔设备已知设计条件及分段示意图

首先，选取计算截面（包括所有危险截面）。本例将全塔分成 6 段，其中裙座分为 2 段，筒体分为 4 段（见分段示意图）。其计算截面分别为 0—0、1—1、2—2、3—3、4—4、5—5。

已　知　设　计　条　件			分 段 示 意 图
塔体内径 D_i		2800mm	
塔体高度 H		40535mm	
设计压力 p		1.1MPa	
设计温度 t		200℃	
塔　体	材　料	Q345R	
	许用应力　$[\sigma]$	189MPa	
	许用应力　$[\sigma]^t$	183MPa	
	设计温度下弹性模量 E	1.86×10^5 MPa	
	常温屈服点 σ_s	345MPa	
	厚度附加量 C　钢板负偏差　0.3mm	2.3mm	
	厚度附加量 C　腐蚀裕量　2mm		
	塔体焊接接头系数 ϕ	0.85	
	介质密度 ρ	800kg/m³	
	塔盘数 N	70	
	每块塔盘存留介质层高度 h_w	100mm	
	基本风压值 q_0	400N/m²	
	地震设防烈度	8 度	
	设计基本地震加速度	0.3g	
	场地类型	Ⅱ类	
	地面粗糙度	B类	
	偏心质量 m_e	4000kg	
	偏心距 l_e	2000mm	
	塔外保温层厚度 δ_s	100mm	
	保温材料密度 ρ_2	300kg/m³	
裙　座	材　料	Q245R	
	许用应力　$[\sigma]_s$	148MPa	
	许用应力　$[\sigma]_s^t$	140MPa（150℃下）	
	常温屈服点 σ_s	245MPa	
	设计温度下弹性模量 E_s	1.86×10^5 MPa	
	厚度附加量 C_s	2mm	
	人孔、平台数	8	
地脚螺栓	材　料	Q235-A	
	许用应力 $[\sigma]_{bt}$	147MPa	
	腐蚀裕量 C_2	3mm	
	个　数 n	48	

5.5.14.3 塔设备设计计算程序及步骤

按设计压力计算塔体和封头壁厚	
计 算 内 容	计 算 公 式 及 数 据
塔内液柱高度 h/m	$h = 2.67$(仅考虑塔底至液封盘液面高度)
液柱静压力 p_H/MPa	$p_H = 10^{-6}\rho g h = 10^{-6} \times 800 \times 9.8 \times 2.67 = 0.021 < 0.05p$(可忽略)
计算压力 p_c/MPa	$p_c = p + p_H = p = 1.1$
圆筒计算厚度 δ/mm	$\delta = \dfrac{p_c D_i}{2[\sigma]^t \phi - p_c} = \dfrac{1.1 \times 2800}{2 \times 183 \times 0.85 - 1.1} = 9.94$
圆筒设计厚度 δ_c/mm	$\delta_c = \delta + C = 9.94 + 2.3 = 12.24$
圆筒名义厚度 δ_n/mm	$\delta_n = 14$
圆筒有效厚度 δ_e/mm	$\delta_e = \delta_n - C = 14 - 2.3 = 11.7$
封头计算厚度 δ_h/mm	$\delta_h = \dfrac{p_c D_i}{2[\sigma]^t \phi - 0.5p_c} = \dfrac{1.1 \times 2800}{2 \times 183 \times 0.85 - 0.5 \times 1.1} = 9.92$
封头设计厚度 δ_{hc}/mm	$\delta_{hc} = \delta_h + C = 9.92 + 2.3 = 12.22$
封头名义厚度 δ_{hn}/mm	$\delta_{hn} = 14$
封头有效厚度 δ_{he}/mm	$\delta_{he} = \delta_{hn} - C = 14 - 2.3 = 11.7$

塔 设 备 质 量 载 荷 计 算						
计 算 内 容	计 算 公 式 及 数 据					
	1(0~1)	2(1~2)	3(2~3)	4(3~4)	5(4~5)	6(5~顶)
塔段内直径 D_i/mm	2800					
塔段名义厚度 δ_{ni}/mm	14					
塔段长度 l_i/mm	1000	2060	7400	10000	10000	10075
塔设备高度 H/mm	40535					
单位筒体质量 m_{1m}/(kg/m)	971.6					
筒体高度 H_1/mm	36490					
筒体质量 m_1/kg	$m_1 = 971.6 \times 36.49 = 35453.7$					
封头质量 m_2/kg	$m_2 = 952.5 \times 2 = 1905$					
裙座高度 H_3/mm	3060					
裙座质量 m_3/kg	$m_3 = 971.6 \times 3.06 = 2973.1$					
塔体质量 m_{01}/kg	$m_{01} = m_1 + m_2 + m_3 = 35453.7 + 1905 + 2973.1 = 40331.8$					
	971.6	2954	7189.84	9716	9716	9784.36
塔段内件质量 m_{02}/kg	$m_{02} = \dfrac{\pi}{4}D_i^2 \times N \times q_N = \dfrac{\pi}{4} \times 2.8^2 \times 70 \times 75 = 32327$ (浮阀塔盘质量 $q_N = 75\text{kg/m}^2$)					
	—	—	4618.1	9698.1	9698.1	8312.7
保温层质量 m_{03}/kg	$m_{03} = \dfrac{\pi}{4}[(D_i + 2\delta_n + 2\delta_s)^2 - (D_i + 2\delta_n)^2]H_0 \rho_2 + 2m'_{03}$ $= \dfrac{\pi}{4} \times (3.028^2 - 2.828^2) \times 36.89 \times 300 + 2 \times (3.46 - 3.12) \times 300 = 10384.1$ 式中，m'_{03}为封头保温层质量，kg					
	—	212.4	2042.1	2759.57	2759.57	2610.45

塔设备质量载荷计算						
计 算 内 容	计 算 公 式 及 数 据					
平台、扶梯质量 m_{04}/kg	平台质量 $q_P=150kg/m^2$;笼式扶梯质量 $q_F=40kg/m$; 平台数量 $n=8$;笼式扶梯总高 $H_F=39m$;平台宽度 $B=0.9m$ $m_{04}=\dfrac{\pi}{4}\left[(D_i+2\delta_n+2\delta_s+2B)^2-(D_i+2\delta_n+2\delta_s)^2\right]\times\dfrac{1}{2}nq_P+q_F\times H_F$ $=\dfrac{\pi}{4}(4.828^2-3.028^2)\times0.5\times8\times150+40\times39=8224$					
	40	82.4	1962	2066	2066	2007.6
操作时塔内物料质量 m_{05}/kg	$m_{05}=\dfrac{\pi}{4}D_i^2(h_w N+h_0)\rho+V_f\rho$ $=\dfrac{\pi}{4}\times2.8^2\times800\times(0.1\times70+1.93)+3.1198\times800=46485.2$					
	—	2496	14433.2	10344.6	10344.6	8866.8
人孔、接管、法兰等附件质量 m_a/kg	按经验取附件质量为 $m_a=0.25m_{01}=0.25\times40331.8=10083$					
	242.9	738.5	1797.5	2429	2429	2446
充液质量 m_w/kg	$m_w=\dfrac{\pi}{4}D_i^2H_1\rho_w+2V_f\rho_w$ $=\dfrac{\pi}{4}\times2.8^2\times36.49\times1000+2\times3.1198\times1000=230927.6$					
	—	3119.8	45565.7	61575.2	61575.2	59091.7
偏心质量 m_e/kg	再沸器 $m_e=4000$					
	—	—	1400	2600	—	—
操作质量 m_0/kg	$m_0=m_{01}+m_{02}+m_{03}+m_{04}+m_{05}+m_a+m_e$ $=40331.8+32327+10384.1+8224+46485.2+10083+4000=151835.1$					
	1254.5	6483.3	33442.74	39613.27	37013.27	34028
最小质量 m_{min}/kg	$m_{min}=m_{01}+0.2m_{02}+m_{03}+m_{04}+m_a$ $=40331.8+0.2\times32327+10384.1+8224+10083=75488.3$					
	1254.5	3987.3	13915.06	18910.19	18910.19	18511.05
最大质量 m_{max}/kg	$m_{max}=m_{01}+m_{02}+m_{03}+m_{04}+m_w+m_a+m_e$ $=40331.8+32327+10384.1+8224+230927.6+10083+4000=336277.5$					
	1254.5	7107.1	64575.24	90843.87	88243.87	84252.91
自 振 周 期 计 算						
计 算 内 容	计 算 公 式 及 数 据					
塔设备的自振周期 T_1/s	$T_1=90.33H\sqrt{\dfrac{m_0H}{E^t\delta_e D_i^3}}\times10^{-3}$ $=90.33\times40535\sqrt{\dfrac{151835.1\times40535}{1.86\times10^5\times11.7\times2800^3}}\times10^{-3}=1.314$					
地 震 载 荷 与 地 震 弯 矩 计 算						
计 算 内 容	计 算 公 式 及 数 据					
	0~1	1~2	2~3	3~4	4~5	5~顶
各段操作质量 $m_i(m_k)$/kg	1254.5	6483.3	33442.74	39613.27	37013.27	34028

计 算 内 容	计 算 公 式 及 数 据					
地 震 载 荷 与 地 震 弯 矩 计 算						
	$0\sim1$	$1\sim2$	$2\sim3$	$3\sim4$	$4\sim5$	$5\sim$顶
各操作段中心距地面高度 h_i (h_k)/mm	500	2030	6760	15460	25460	35497.5
$h_i^{1.5}$	1.12×10^4	9.15×10^4	5.56×10^5	1.92×10^6	4.06×10^6	6.69×10^6
$m_i h_i^{1.5}$	1.4×10^7	5.93×10^8	1.86×10^{10}	7.61×10^{10}	1.5×10^{11}	2.28×10^{11}
$A=\sum\limits_{i=1}^{6}m_i h_i^{1.5}$	4.733×10^{11}					
h_i^3	1.25×10^8	8.37×10^9	3.09×10^{11}	3.7×10^{12}	1.65×10^{13}	4.47×10^{13}
$m_i h_i^3$	1.57×10^{11}	5.42×10^{13}	1.03×10^{16}	1.46×10^{17}	6.11×10^{17}	1.52×10^{18}
$B=\sum\limits_{i=1}^{6}m_i h_i^3$	2.29×10^{18}					
A/B	2.067×10^{-7}					
基本振型参与系数 η_{1k}	$\eta_{1k}=\dfrac{A}{B}h_i^{1.5}=2.067\times10^{-7}h_i^{1.5}$					
	2.32×10^{-3}	1.89×10^{-2}	0.115	0.397	0.839	1.383
阻尼比 ξ_i	0.02					
衰减指数 γ	$\gamma=0.9+\dfrac{0.05-\xi_i}{0.3+6\xi_i}=0.9+\dfrac{0.05-0.02}{0.3+6\times0.02}=0.971$					
阻尼调整系数 η_2	$\eta_2=1+\dfrac{0.05-\xi_i}{0.08+1.6\xi_i}=1+\dfrac{0.05-0.02}{0.08+1.6\times0.02}=1.268$					
地震影响系数最大值 $\alpha_{\max}$	由表5-20　得 $\alpha_{\max}=0.24$(设防烈度8度,设计基本地震加速度0.3g 时)					
场地土的特征周期值 T_g	由表5-21　得 $T_g=0.35$(地震分组为第一组,Ⅱ类场地土)					
地震影响系数 α_1	$T_g=0.35<T_1=1.314<5T_g=5\times0.35=1.75$ $\alpha_1=(\dfrac{T_g}{T_1})^{\gamma}\eta_2\alpha_{\max}=(\dfrac{0.35}{1.314})^{0.971}\times1.268\times0.24=0.084$					
水平地震力 F_{1k}/N	$F_{1k}=\alpha_1\eta_{1k}m_k g$					
	2.4	100.97	3169.19	12959.24	25589.85	38779.92
垂直地震影响系数 $\alpha_{v\max}$	$\alpha_{v\max}=0.65\alpha_{\max}=0.65\times0.24=0.156$					
当量质量 m_{eq}/kg	取 $m_{eq}=0.75m_0=0.75\times151835.1=113876.3$					
底面垂直地震力 F_v^{0-0}/N	$F_v^{0-0}=\alpha_{v\max}m_{eq}g=0.156\times113876.3\times9.81=174271.8$					
$m_k h_k$	6.27×10^5	1.316×10^7	2.26×10^8	6.12×10^8	9.42×10^8	1.208×10^9
$\sum\limits_{k=1}^{6}m_k h_k$	3×10^9					
任意质量 i 处垂直地震力 F_{vi}/N	$F_{vi}=\dfrac{m_i h_i}{\sum\limits_{k=1}^{6}m_k h_k}F_v^{0-0}=m_i h_i\times\dfrac{174271.8}{3\times10^9}$					
	36.4	764.5	13128.4	35551.4	54721.3	70173.3
任意计算截面 i 处垂直地震力 F_v^{1-1}/N	$F_v^{1-1}=\sum\limits_{i=1}^{n}F_{vi}$					
	0—0 截面	1—1 截面	2—2 截面	3—3 截面	4—4 截面	5—5 截面
	174271.8	174235.4	173470.9	160342.5		

地 震 载 荷 与 地 震 弯 矩 计 算						
计 算 内 容	计 算 公 式 及 数 据					
	0～1	1～2	2～3	3～4	4～5	5～顶
底截面处地震弯矩 M_{EI}^{0-0} /(N·mm)	$M_{EI}^{0-0}=\dfrac{16}{35}\alpha_1 m_0 gH=\dfrac{16}{35}\times0.084\times151835.1\times9.81\times40535=2.32\times10^9$					
截面 1—1 处地震弯矩 M_{EI}^{1-1} /(N·mm)	$M_{EI}^{1-1}=\dfrac{8\alpha_1 m_0 g}{175H^{2.5}}(10H^{3.5}-14H^{2.5}h+4h^{3.5})$ $=\dfrac{8\times0.084\times151835.1\times9.81}{175\times40535^{2.5}}(10\times40535^{3.5}-14\times40535^{2.5}\times1000+4\times1000^{3.5})$ $=2.238\times10^9$					
截面 2—2 处地震弯矩 M_{EI}^{2-2} /(N·mm)	$M_{EI}^{2-2}=\dfrac{8\alpha_1 m_0 g}{175H^{2.5}}(10H^{3.5}-14H^{2.5}h+4h^{3.5})$ $=\dfrac{8\times0.084\times151835.1\times9.81}{175\times40535^{2.5}}(10\times40535^{3.5}-14\times40535^{2.5}\times3060+4\times3060^{3.5})$ $=2.074\times10^9$					

风 载 荷 与 风 弯 矩 计 算						
计 算 内 容	计 算 公 式 及 数 据					
	0～1	1～2	2～3	3～4	4～5	5～顶
各计算段的外径 D_{oi}/mm	$D_{oi}=D_i+2\delta_n=2800+2\times14=2828$					
塔顶管线外径 d_o/mm	480					
第 i 段保温层厚度 δ_{si}/mm	100					
管线保温层厚度 δ_{ps}/mm	100					
笼式扶梯当量宽度 K_3	400					
各计算段长度 l_i/mm	1000	2060	7400	10000	10000	10075
操作平台所在计算段的长度 l_0/mm	—	2060	7400	10000	10000	10075
平台数	0	0	1	2	2	2
各段平台构件的投影面积 $\sum A$/mm²	0	0	18×10^5	18×10^5	18×10^5	18×10^5
操作平台当量宽度 K_4/mm	$K_4=\dfrac{2\sum A}{l_0}$					
	0	0	486.5	360	360	357.3
各计算段的有效直径 D_{ei}/mm	$D_{ei}=D_{oi}+2\delta_{si}+K_4+d_o+2\delta_{ps}$					
	3708	3708	4194.5	4068	4068	4065.3
	$D_{ei}=D_{oi}+2\delta_{si}+K_3+K_4$					
	3428	3428	3914.5	3788	3788	3785.3
取大值 D_{ei}/mm	3708	3708	4194.5	4068	4068	4065.3
各计算段顶截面距地面的高度 h_{it}/m	1	3.06	10.46	20.46	30.46	40.535
风压高度变化系数 f_i	查表 5-23					
	1.0	1.0	1.0	1.25	1.42	1.56
体型系数 K_1	0.7					
基本风压值 q_0/(N/m²)	400					

续表

风载荷与风弯矩计算						
计算内容	计算公式及数据					
	0～1	1～2	2～3	3～4	4～5	5～顶
塔设备的自振周期 T_1/s	1.314					
$q_0 T_1^2$	$400 \times 1.314^2 = 690.6$					
脉动增大系数 ξ（B类）	查表 5-24					
	2.40					
脉动影响系数 ν_i（B类）	查表 5-25					
	0.72	0.72	0.72	0.79	0.83	0.85
h_{it}/H	0.025	0.075	0.26	0.5	0.75	1
第 i 段振型系数 ϕ_{zi}	查表 5-26					
	0.02	0.02	0.11	0.34	0.69	1.00
各计算段的风振系数 K_{2i}	$K_{2i} = 1 + \dfrac{\xi \nu_i \phi_{zi}}{f_i}$					
	1.035	1.035	1.19	1.516	0.69	2.308
各计算段的水平风力 P_i/N	$P_i = K_1 K_{2i} q_0 f_i l_i D_{ei} \times 10^{-6}$					
	1074.6	2213.6	10316.2	21584.8	31831.2	41291.1
0—0 截面的风弯矩 M_w^{0-0} /(N·mm)	$M_w^{0-0} = P_1 \dfrac{l_1}{2} + P_2 \left(l_1 + \dfrac{l_2}{2}\right) + P_3 \left(l_1 + l_2 + \dfrac{l_3}{2}\right) + \cdots P_6 \left(l_1 + l_2 + l_3 + l_4 + l_5 + \dfrac{l_6}{2}\right)$ $= 500 \times 1074.6 + 2030 \times 2213.6 + 6760 \times 10316.2 + 15460 \times 21584.8$ $+ 25460 \times 31831.2 + 35497.5 \times 41291.1 = 2.685 \times 10^9$					
1—1 截面的风弯矩 M_w^{1-1} /(N·mm)	$M_w^{1-1} = P_2 \dfrac{l_2}{2} + P_3 \left(l_2 + \dfrac{l_3}{2}\right) + P_4 \left(l_2 + l_3 + \dfrac{l_4}{2}\right) + \cdots P_6 \left(l_2 + l_3 + l_4 + l_5 + \dfrac{l_6}{2}\right)$ $= 1030 \times 2213.6 + 5760 \times 10316.2 + 14460 \times 21584.8$ $+ 24460 \times 31831.2 + 34497.5 \times 41291.1 = 2.577 \times 10^9$					
2—2 截面的风弯矩 M_w^{2-2} /(N·mm)	$M_w^{2-2} = P_3 \dfrac{l_3}{2} + P_4 \left(l_3 + \dfrac{l_4}{2}\right) + P_5 \left(l_3 + l_4 + \dfrac{l_5}{2}\right) + P_6 \left(l_3 + l_4 + l_5 + \dfrac{l_6}{2}\right)$ $= 3700 \times 10316.2 + 12400 \times 21584.8 + 22400 \times 31831.2 + 32437.5 \times 41291.1$ $= 2.358 \times 10^9$					

偏 心 弯 矩	
计算内容	计算公式及数据
偏心质量 m_e/kg	4000
偏心距 l_e/mm	2000
偏心弯矩 M_e/(N·mm)	$M_e = m_e g l_e = 4000 \times 9.81 \times 2000 = 7.848 \times 10^7$

最 大 弯 矩			
计算内容	计算公式及数据		
	0—0 截面	1—1 截面	2—2 截面
$M_w^{I-I} + M_e$	2.763×10^9	2.655×10^9	2.436×10^9
$M_E^{I-I} + 0.25 M_w^{I-I} + M_e$	3.07×10^9	2.961×10^9	2.742×10^9
最大弯矩 M_{max}^{I-I}/(N·mm)	3.07×10^9	2.961×10^9	2.742×10^9

续表

圆筒轴向应力校核和圆筒稳定校核

计 算 内 容	计 算 公 式 及 数 据		
	0—0 截面	1—1 截面	2—2 截面
有效厚度 δ_{ei}/mm	11.7		
筒体内径 D_i/mm	2800		
计算截面以上的操作质量 m_0^{1-1}/kg	151835.1	150580.6	144097.3
设计压力引起的轴向应力 σ_1/MPa	$\sigma_1 = \dfrac{pD_i}{4\delta_{ei}} = \dfrac{1.1 \times 2800}{4 \times 11.7} = 65.81$		
	0	0	65.81
操作质量引起的轴向应力 σ_2/MPa	$\sigma_2 = \dfrac{m_0^{1-1} g \pm F_v^{1-1}}{\pi D_i \delta_{ei}}$		
	16.17(12.76)	16.05(12.65)	15.42(12.04)
最大弯矩引起的轴向应力 σ_3/MPa	$\sigma_3 = \dfrac{4 M_{max}^{1-1}}{\pi D_i^2 \delta_{ei}}$		
	42.61	41.1	38.06
载荷组合系数 K	1.2		
系数 A	$A = \dfrac{0.094\delta_{ei}}{R_o} = \dfrac{0.094 \times 11.7}{1414} = 7.778 \times 10^{-4}$		
设计温度下材料的许用应力 $[\sigma]^t$/MPa	查参考文献[1]表 9-3,Q345R,200℃,得 $[\sigma]^t = 183$ Q245R,150℃,得 $[\sigma]_s^t = 140$		
	131	131	183
系数 B/MPa	查参考文献[1]图 11-6;Q345R（原 16MnR）,200℃得 $B = 97$ 图 11-7;Q245R,150℃,得 $B = 94$		
	94	94	97
KB/MPa	112.8	112.8	116.4
$K[\sigma]^t$/MPa	168	168	219.6
许用轴向压应力 $[\sigma]_{cr}$/MPa	取以上两者中小值		
	112.8	112.8	116.4
$K[\sigma]^t\phi$/MPa	142.8	142.8	186.66
圆筒最大组合压应力 $\sigma_2 + \sigma_3$/MPa	对内压塔器　　$\sigma_2 + \sigma_3 \leqslant [\sigma]_{cr}$（满足要求）		
	58.78	57.15	53.48
圆筒最大组合拉应力 $\sigma_1 - \sigma_2 + \sigma_3$/MPa	对内压塔器　　$\sigma_1 - \sigma_2 + \sigma_3 \leqslant K[\sigma]^t\phi$（满足要求）		
	29.85	28.84	91.83

塔设备压力试验时的应力校核

计 算 内 容	计 算 公 式 及 数 据
试验介质的密度（介质为水）γ_S/(kg/m³)	1000
液柱高度 H_w/m	37.97
液柱静压力 $\gamma_S g H_w$/MPa	0.37
2—2 截面最大质量 m_T^{2-2}/kg	$m_T^{2-2} = 336277.5 - 1254.5 - 7107.1 = 327915.9$
试验压力 p_T/MPa	$p_T = 1.25p \dfrac{[\sigma]}{[\sigma]^t} = 1.25 \times 1.1 \times \dfrac{189}{183} = 1.420$

续表

塔设备压力试验时的应力校核	
计 算 内 容	计 算 公 式 及 数 据
筒体常温屈服点 σ_s/MPa	345
2—2 截面 $0.9\sigma_s$/MPa	310.5
2—2 截面 B/MPa	97
压力试验时圆筒材料的许用轴向压应力 $[\sigma]_{cr}$/MPa	取以上两者中小值 97
试验压力引起的轴向应力 σ_T/MPa	$\sigma_T = \dfrac{(p_T + \gamma_S g H_w)(D_i + \delta_{ei})}{2\delta_{ei}} = \dfrac{(1.420 + 1000 \times 9.81 \times 37970 \times 10^{-9})(2800 + 11.7)}{2 \times 11.7}$ $= 215.38$ 液压试验时：$\sigma_T = 215.38 < 0.9\sigma_s \phi = 263.93$（满足要求）
试验压力引起的轴向应力 σ_{T1}/MPa	$\sigma_{T1} = \dfrac{p_T D_i}{4\delta_{ei}} = \dfrac{1.420 \times 2800}{4 \times 12} = 84.96$
重力引起的轴向应力 σ_{T2}/MPa	$\sigma_{T2} = \dfrac{m_T^{2-2} g}{\pi D_i \delta_{ei}} = \dfrac{327915.9 \times 9.81}{\pi \times 2800 \times 11.7} = 31.26$
弯矩引起的轴向应力 σ_{T3}/MPa	$\sigma_{T3} = \dfrac{4(0.3 M_w^{2-2} + M_e)}{\pi D_i^2 \delta_{ei}} = \dfrac{4 \times (0.3 \times 2.356 \times 10^9 + 7.848 \times 10^7)}{\pi \times 2800^2 \times 11.7} = 10.9$
压力试验时圆筒最大组合应力/MPa	$\sigma_{T1} - \sigma_{T2} + \sigma_{T3} = 84.96 - 31.26 + 10.9 = 64.6$ 液压试验时：$\sigma_{T1} - \sigma_{T2} + \sigma_{T3} = 64.6 < 0.9\sigma_s \phi$（满足要求） $\sigma_{T2} + \sigma_{T3} = 31.26 + 10.9 = 42.16 < [\sigma]_{cr}$（满足要求）
裙 座 轴 向 应 力 校 核	
计 算 内 容	计 算 公 式 及 数 据
0—0 截面积 A_{sb}/mm²	$A_{sb} = \pi D_{is} \delta_{es} = \pi \times 2800 \times 11.7 = 1.029 \times 10^5$
0—0 抗弯截面系数 Z_{sb}/mm³	$Z_{sb} = \dfrac{\pi}{4} D_{is}^2 \delta_{es} = \dfrac{\pi}{4} \times 2800^2 \times 11.7 = 7.204 \times 10^7$
KB/MPa	112.8
$K[\sigma]_s^t$/MPa	168
裙座许用轴向应力/MPa	取以上两者中小值 112.8
0—0 截面组合应力/MPa	$\dfrac{M_{max}^{0-0}}{Z_{sb}} + \dfrac{m_0 g + F_v^{0-0}}{A_{sb}} = \dfrac{3.07 \times 10^9}{7.204 \times 10^7} + \dfrac{151835.1 \times 9.81 + 174271.8}{1.029 \times 10^5} = 58.78 < B$ $\dfrac{0.3 M_w^{0-0} + M_e}{Z_{sb}} + \dfrac{m_{max} g}{A_{sb}} = \dfrac{0.3 \times 2.685 \times 10^9 + 7.848 \times 10^7}{7.204 \times 10^7} + \dfrac{336277.5 \times 9.81}{1.029 \times 10^5} = 44.33 < B$
检查孔加强管长度 l_m/mm	150
检查孔加强管水平方向的最大宽度 b_m/mm	450
检查孔加强管厚度 δ_m/mm	12
A_m/mm²	$A_m = 2 l_m \delta_m = 2 \times 150 \times 12 = 3600$
1—1 截面处裙座筒体的截面积 A_{sm}/mm²	$A_{sm} = \pi D_{im} \delta_{es} - \sum [(b_m + 2\delta_m)\delta_{es} - A_m]$ $= \pi \times 2800 \times 11.7 - 2 \times [(450 + 2 \times 12) \times 11.7 - 3600] = 9.903 \times 10^4$
Z_m/mm³	$Z_m = 2\delta_m l_m \sqrt{\left(\dfrac{D_{im}}{2}\right)^2 - \left(\dfrac{b_m}{2}\right)^2}$ $= 2 \times 12 \times 150 \times \sqrt{1400^2 - 225^2} = 4.97 \times 10^6$

裙 座 轴 向 应 力 校 核	
计 算 内 容	计 算 公 式 及 数 据
$h—h$ 截面处的裙座壳抗弯截面系数 Z_{sm} /mm³	$Z_{sm} = \dfrac{\pi}{4}D_{im}^2 \delta_{es} - \Sigma\left(b_m D_{im}\dfrac{\delta_{es}}{2} - Z_m\right)$ $= \dfrac{\pi}{4}\times 2800^2 \times 11.7 - 2\times(450\times 2800\times 5.85 - 4.97\times 10^6) = 6.724\times 10^7$
1—1 截面组合应力 /MPa	$\dfrac{M_{max}^{1-1}}{Z_{sm}} + \dfrac{m_0^{1-1}g + F_v^{1-1}}{A_{sm}} = \dfrac{2.961\times 10^9}{6.94\times 10^7} + \dfrac{150580.6\times 9.81 + 174271.8}{9.903\times 10^4} = 60.7 < KB$
	$\dfrac{0.3M_w^{1-1} + M_e}{Z_{sm}} + \dfrac{m_{max}^{1-1}g}{A_{sm}} = \dfrac{0.3\times 2.577\times 10^9 + 7.848\times 10^7}{6.724\times 10^7} + \dfrac{335023\times 9.81}{9.903\times 10^4} = 45.85 < B$

基 础 环 设 计	
计 算 内 容	计 算 公 式 及 数 据
裙座内径 D_{is} /mm	2800
裙座外径 D_{os} /mm	$D_{os} = D_{is} + 2\delta_{ns} = 2800 + 2\times 14 = 2828$
基础环外径 D_{ob} /mm	3034
基础环内径 D_{ib} /mm	2594
基础环伸出宽度 b /mm	$b = \dfrac{1}{2}(D_{ob} - D_{os}) = \dfrac{1}{2}(3034 - 2828) = 103$
相邻两筋板最大外侧间距 l /mm	198
基础环面积 A_b /mm²	$A_b = \dfrac{\pi}{4}(D_{ob}^2 - D_{ib}^2) = \dfrac{\pi}{4}(3034^2 - 2594^2) = 1.945\times 10^6$
基础环截面系数 Z_b /mm³	$Z_b = \dfrac{\pi(D_{ob}^4 - D_{ib}^4)}{32D_{ob}} = \dfrac{\pi(3034^4 - 2594^4)}{32\times 3034} = 1.28\times 10^9$
基础环材料的许用应力 $[\sigma]_b$ /MPa	$[\sigma]_b = 148$
操作时压应力 σ_{b1} /MPa	$\sigma_{b1} = \dfrac{M_{max}^{0-0}}{Z_b} + \dfrac{m_0 g + F_v^{0-0}}{A_b} = \dfrac{3.07\times 10^9}{1.28\times 10^9} + \dfrac{151835.1\times 9.81 + 174271.8}{1.945\times 10^6} = 3.254$
耐压试验时压应力 σ_{b2} /MPa	$\sigma_{b2} = \dfrac{0.3M_w^{0-0} + M_e}{Z_b} + \dfrac{m_{max}g}{A_b}$ $= \dfrac{0.3\times 2.685\times 10^9 + 7.848\times 10^7}{1.28\times 10^9} + \dfrac{336277.5\times 9.81}{1.945\times 10^6} = 2.387$
混凝土基础上的最大压力 σ_{bmax} /MPa	取以上两者中大值 3.254
b/l	$b/l = 103/198 = 0.52$
矩形板力矩 C_x、C_y 系数	查表 5-27 得：$C_x = -0.3072$；$C_y = 0.0325$
对 X 轴的弯矩 M_x /(N·mm)	$M_x = C_x \sigma_{bmax} b^2 = -0.3072\times 3.254\times 103^2 = -10605.1$
对 Y 轴的弯矩 M_y /(N·mm)	$M_y = C_y \sigma_{bmax} l^2 = 0.0325\times 3.254\times 198^2 = 4146$
计算力矩 M_s /(N·mm)	$M_s = \max\{|M_x|, |M_y|\}$ 10605.1
有筋板时基础环厚度 /mm	$\delta_b = \sqrt{\dfrac{6M_s}{[\sigma]_b}} = \sqrt{\dfrac{6\times 10605.1}{148}} = 20.73$　经圆整取 $\delta_b = 22$

地 脚 螺 栓 计 算

计 算 内 容	计 算 公 式 及 数 据
最大拉应力 σ_{B1}/MPa	$\sigma_{B1} = \dfrac{M_w^{0-0} + M_e}{Z_b} - \dfrac{m_{min}g}{A_b} = \dfrac{2.685 \times 10^9 + 7.848 \times 10^7}{1.28 \times 10^9} - \dfrac{75488.3 \times 9.81}{1.945 \times 10^6} = 1.775$
最大拉应力 σ_{B2}/MPa	$\sigma_{B2} = \dfrac{M_E^{0-0} + 0.25 M_w^{0-0} + M_e}{Z_b} - \dfrac{m_0 g - F_v^{0-0}}{A_b}$ $= \dfrac{2.32 \times 10^9 + 0.25 \times 2.685 \times 10^9 + 7.848 \times 10^7}{1.28 \times 10^9} - \dfrac{151835.1 \times 9.81 - 174271.8}{1.945 \times 10^6}$ $= 1.772$
基础环中螺栓承受的最大拉应力 σ_B	取以上两者中大值 $\sigma_B = 1.885 > 0$ 塔设备必须设置地脚螺栓
地脚螺栓个数 n	48
地脚螺栓材料的许用应力 $[\sigma]_{bt}$/MPa	对 Q235-A,取 $[\sigma]_{bt} = 147$MPa
地脚螺栓腐蚀裕量 C_2/mm	地脚螺栓取 $C_2 = 3$mm
地脚螺栓螺纹小径 d_1/mm	$d_1 = \sqrt{\dfrac{4\sigma_B A_b}{\pi n [\sigma]_{bt}}} + C_2 = \sqrt{\dfrac{4 \times 1.775 \times 1.945 \times 10^6}{\pi \times 48 \times 147}} + 3 = 27.96$ 故取 48-M36 地脚螺栓满足要求

筋 板 计 算

计 算 内 容	计 算 公 式 及 数 据
单个地脚螺栓承受最大拉力 F_1/N	$F_1 = \dfrac{\sigma_B A_b}{n} = \dfrac{1.775 \times 1.945 \times 10^6}{48} = 71924.5$
筋板压应力/MPa	$\sigma_G = \dfrac{F_1}{n_1 \delta_G l_2'} = \dfrac{71924.5}{2 \times 16 \times 130} = 17.3$
细长比 λ	$\lambda = \dfrac{0.5 l_R}{\rho_i} = \dfrac{0.5 \times 206}{0.289 \times 16} = 22.28$
临界细长比 λ_c	$\lambda_c = \sqrt{\dfrac{\pi^2 E^t}{0.6 [\sigma]_G}} = \sqrt{\dfrac{3.14^2 \times 1.86 \times 10^5}{0.6 \times 147}} = 144.27$
系数 ν	$\nu = 1.5 + \dfrac{2}{3}\left(\dfrac{\lambda}{\lambda_c}\right)^2 = 1.5 + \dfrac{2}{3} \times \left(\dfrac{22.8}{144.27}\right)^2 = 1.517$
筋板临界许用压应力 $[\sigma]_c$/MPa	$\lambda < \lambda_c$,有 $[\sigma]_c = \dfrac{[1 - 0.4(\lambda/\lambda_c)^2][\sigma]_G}{\nu} = \dfrac{[1 - 0.4(22.8/144.2)^2] \times 147}{1.517} = 96.59$ 故筋板安全

盖 板 计 算

计 算 内 容	计 算 公 式 及 数 据
有垫板的环形盖板尺寸/mm	查表 D-17,得:$L_3 = 85, L_2 = 130, L_4 = 80, d_3 = 50, d_2 = 39, \delta_c = 22, \delta_z = 16$
环形盖板最大应力 σ_z/MPa	$\sigma_z = \dfrac{3 F_1 L_3}{4(L_2 - d_3)\delta_c^2 + 4(L_4 - d_2)\delta_z^2} = \dfrac{3 \times 71924.5 \times 85}{4 \times (130 - 50)22^2 + 4 \times (80 - 39)16^2}$ $= 93.16$
低碳钢盖板的许用应力 $[\sigma_z]$/MPa	$[\sigma_z] = 148$,故盖板安全

续表

裙座与塔壳焊缝验算	
计 算 内 容	计 算 公 式 及 数 据
对接焊缝拉应力/MPa	$\dfrac{4M_{max}^{J-J}}{\pi D_{it}^2 \delta_{es}} - \dfrac{m_0^{J-J}g - F_v^{J-J}}{\pi D_{it}\delta_{es}} = \dfrac{4M_{max}^{2-2}}{\pi D_{it}^2 \delta_{es}} - \dfrac{m_0^{2-2}g - F_v^{2-2}}{\pi D_{it}\delta_{es}}$ $= \dfrac{4 \times 2.742 \times 10^9}{3.14 \times 2800^2 \times 11.7} - \dfrac{144097.3 - 173470.9}{3.14 \times 2800 \times 11.7} = 38.35$
拉应力校核·	$38.35 < 0.6K[\sigma]_w^t = 0.6 \times 1.2 \times 131 = 94.32$,故焊缝安全
塔设备法兰当量设计压力	
计 算 内 容	计 算 公 式 及 数 据
塔体圆筒名义厚度 δ_n/mm	14 （满足强度和稳定性要求）
塔体封头名义厚度 δ_{hn}/mm	14 （满足强度和稳定性要求）
裙座圆筒名义厚度 δ_{en}/mm	14 （满足强度和稳定性要求）
基础环名义厚度 δ_b/mm	22 （满足强度和稳定性要求）
地脚螺栓个数 n	48 （满足强度和稳定性要求）
地脚螺栓公称直径 d/mm	36 （满足强度和稳定性要求）

附录 A 夹套反应釜设计任务书

A.1 设计内容

设计一台夹套传热式带搅拌的反应釜。

A.2 设计参数和技术特性指标

表 A 夹套反应釜设计任务书

简 图	设计参数及要求			
		容 器 内	夹 套 内	
	工作压力/MPa	0.18	0.25	
	设计压力/MPa	0.2	0.3	
	工作温度/℃	100	130	
	设计温度/℃	120	150	
	介质	染料及有机溶剂	蒸汽	
	全容积/m³	1组	2组	3组
		1	0.9	0.8
	操作容积/m³			
	传热面积/m²	>3		
	腐蚀情况	微弱		
	推荐材料	Q345R		
	搅拌器型式	推进式		
	搅拌轴转速/(r/min)	200		
	轴功率/kW	4		

接 管 表

符号	公称尺寸 DN	连接面型式	用 途
A	25	PL/RF	蒸汽入口
B	65	PL/RF	加料口
$C_{1,2}$	100	—	视镜
D	25	PL/RF	温度计管口
E	25	PL/RF	压缩空气入口
F	40	PL/RF	放料口
G	25	PL/RF	冷凝水出口

A.3 设计要求

（1）进行罐体和夹套设计计算。

（2）进行搅拌传动系统设计。

① 进行传动系统方案设计（指定用 V 带传动）。

② 进行带传动设计计算（指定选用库存电机 Y132M2-6，转速 960r/min，功率 5.5kW）。

③ 进行上轴的结构设计及强度校核。

④ 选择轴承、进行轴承寿命校核。

⑤ 选择联轴器。

⑥ 进行罐内搅拌轴的结构设计、搅拌器与搅拌轴的连接结构设计。

⑦ 选择轴封型式。

⑧ 进行轴上普通平键的强度校核。

（3）设计机架结构。

（4）选择凸缘法兰及安装底盖结构。

（5）选择支座形式并进行计算。

（6）选择接管、管法兰、设备法兰、手孔、视镜等容器附件。

（7）绘总装配图（A0 或 A1 图纸）。

（8）绘传动系统部件图。

参考图见图 A-1（见插页）和图 A-2（见插页）。

附录B 塔设备设计任务书

B.1 设计内容

设计一台浮阀塔。

B.2 设计参数和技术特性指标

表B 塔设备设计任务书

简图与说明	比例		设计参数及要求			
		工作压力/MPa	0.8	塔体内径/mm	1800	
		设计压力/MPa	0.85	塔高/mm	26360	
		工作温度/℃	45	设计寿命/a	10	
		设计温度/℃	60	浮阀(泡罩)规格/个数	—	
		介质名称	VC,H$_2$O,EDC	浮阀(泡罩)间距/mm	—	
		介质密度/(kg/m^3)	800	保温材料厚度/mm	100	
		设计基本地震加速度	0.3g	保温材料密度/(kg/m^3)	300	
		基本风压/(N/m^2)	400	塔盘上存留介质层高度/mm	100	
		抗震设防烈度	8	壳体材料	Q345R	
		场地类别	Ⅱ	内件材料	S30408	
简图见115页		塔形		裙座材料	Q235-B	
		塔板数目/个	40	偏心质量/kg	4000	
		塔板间距/mm	400	偏心距/mm	2000	
		地面粗糙度(类)	B			

接管表

符号	公称尺寸 DN	连接面型式	用途	符号	公称尺寸 DN	连接面型式	用途
A	400	SO/RF	残液出口	K$_{1\sim4}$	50	—	视镜
B	500	SO/RF	气体进口	M$_{1\sim4}$	500	—	人孔
C$_{1\sim3}$	150	SO/RF	料液进口	N$_{1\sim4}$	80	SO/RF	液位计口
D	80	SO/RF	回流液口	P	500	—	检查孔
E	400	SO/RF	气体出口	V$_{1\sim4}$	80	—	排气孔
F$_{1\sim5}$	50	SO/RF	温度计口	R	150	—	手孔
H	50	SO/RF	加水口				

B.3　设计要求

(1) 进行塔体和裙座的机械设计计算；
(2) 进行裙式支座校核计算；
(3) 进行地脚螺栓座校核计算；
(4) 选择接管、管法兰；
(5) 进行塔盘板结构设计；
(6) 绘制装配图（A0 或 A1 图纸）；
(7) 绘制塔盘板零件图（A2 图纸）。
参考图见图 B-1（见插页）、图 B-2（见插页）。

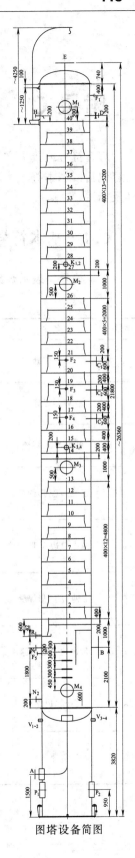

图塔设备简图

附录 C 焊缝符号或接头文字符号的规定

焊缝符号或接头文字符号的详细规定按 GB/T 324—2008《焊缝符号表示法》，其主要内容包括：基本符号、基本符号的组合、补充符号、基本符号和指引线的位置规定、尺寸符号及标注。

C.1 基本符号

基本符号是表示焊缝横截面的基本形式或特征，见表 C-1。

表 C-1 焊缝基本符号（摘自 GB/T 324—2008）

序号	名称	示意图	符号	序号	名称	示意图	符号
1	Ⅰ形焊缝		‖	10	塞焊缝或槽焊缝		⊓
2	V形焊缝		∨	11	点焊缝		○
3	单边V形焊缝		⌐				
4	带钝边V形焊缝		Υ	12	缝焊缝		⊖
5	带钝边单边V形焊缝		Ⴐ				
6	带钝边U形焊缝		Υ	13	陡边V形焊缝		∨
7	带钝边J形焊缝		Ⴐ	14	陡边单边V形焊缝		∨
8	封底焊缝		⌣	15	端焊缝		‖‖
9	角焊缝		◿	16	堆焊缝		⌒⌒

C.2　基本符号的组合

标注双面焊焊缝或接头时，基本符号可以组合使用，见表 C-2。

表 C-2　基本符号的组合（摘自 GB/T 324—2008）

序号	名　称	示　意　图	符　号
1	双面 V 形焊缝 （X 焊缝）		X
2	双面单 V 形焊缝 （K 焊缝）		K
3	带钝边的双面 V 形焊缝		X
4	带钝边的双面单 V 形焊缝		K
5	双面 U 形焊缝		X

C.3　补充符号（补充说明焊缝的某些特点的符号）

补充符号是用来补充说明有关焊缝或接头的某些特征，见表 C-3。

表 C-3　补充符号（摘自 GB/T 324—2008）

序号	名　称	符　号	说　明
1	平面	—	焊缝表面通常经过加工后平整
2	凹面	⌣	焊缝表面凹陷
3	凸面	⌢	焊缝表面凸起
4	圆滑过渡	⌣	焊趾处过渡圆滑
5	永久衬垫	M	衬垫永久保留
6	临时衬垫	MR	衬垫在焊接完成后拆除
7	三面焊缝	⊏	三面带有焊缝
8	周围焊缝	○	沿着工件周边施焊的焊缝 标注位置为基准线与箭头线的交点处
9	现场焊缝	⚑	在现场焊接的焊缝
10	尾部	<	可以表示所需的信息

C.4 基本符号和指引线的位置规定

在焊缝符号中，基本符号和指引线为基本要素。焊缝的准确位置通常由基本符号和指引线之间的相对位置决定，包括箭头线的位置、基准线的位置、基本符号的位置。

指引线由箭头线和两条基准线（实线和虚线）组成，如图 C-1 所示。

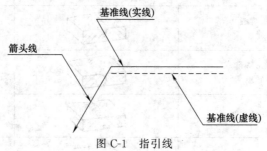

图 C-1　指引线

箭头直接指向的接头侧为"接头的箭头侧"，与之相对的侧为"接头的非箭头侧"。

基准线一般应与图样的底边平行，必要时也可以与底边垂直。实线和虚线的位置可根据需要互换。应用示例见表 C-4。

表 C-4　基本符号的应用示例

序号	符号	示意图	标注示例	备注
1	∨			
2	Y			
3	◺			
4	X			
5	K			

C.5　尺寸符号及标注

必要时，可以在焊缝符号中标注尺寸。尺寸符号参见表 C-5。

表 C-5　尺寸符号

符号	名　称	示　意　图	符号	名　称	示　意　图
δ	工件厚度		c	焊缝宽度	
α	坡口角度		K	焊脚尺寸	
β	坡口面角度		d	点焊:熔核直径 塞焊:孔径	
b	根部间隙		n	焊缝段数	
p	钝边		l	焊缝长度	
R	根部半径		e	焊缝间距	
H	坡口深度		N	相同焊缝数量	
S	焊缝有效厚度		h	余高	

　　焊缝的尺寸标注方法参见图 C-2。横向尺寸标注在基本符号的左侧；纵向尺寸标注在基本符号的右侧；坡口角度、坡口面角度、根部间隙标注在基本符号的上侧或下侧；相同焊缝数量标注在尾部；当尺寸较多不易分辨时，可在尺寸数据前标注相应的尺寸符号。

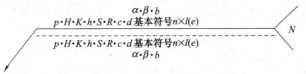

图 C-2　焊缝的尺寸标注方法

　　当箭头线方向改变时，上述规则不变。

　　确定焊缝位置的尺寸不在焊缝符号中标注，应将其标注在图样上。在基本符号的右侧无任何尺寸标注又无其他说明时，意味着焊缝在工件的整个长度方向上是连续的。在基本符号的左侧无任何尺寸标注又无其他说明时，意味着对接焊缝应完全焊透。

附录 D   压力容器常用零部件

D. 1   筒体

用钢板卷焊的筒体，规定用筒体的内径作为它的公称直径，其容积、内表面积和质量见表 D-1。

表 D-1   筒体的容积、内表面积和质量

公称直径 DN /mm	1米高的容积 V /m³	1米高的内表面积 F_1 /m²	1米高筒节钢板质量/kg 钢板厚度 δ_p/mm														
			4	5	6	8	10	12	14	16	18	20	22	24	26	28	30	32
300	0.071	0.94	30	38	45	61	76	92	108	124	141	158	175	192	209	227		
400	0.126	1.26	40	50	60	80	101	121	143	164	186	207	229	251	273	296		
500	0.196	1.51	50	62	75	100	126	152	178	204	230	256	283	310	337	365		
600	0.283	1.88	60	75	90	120	150	181	212	243	274	306	337	369	401	434	466	
700	0.385	2.02	69	87	104	139	175	210	247	283	319	355	392	429	466	503	540	
800	0.503	2.51	79	99	119	159	200	240	281	322	363	404	446	488	530	572	614	
900	0.636	2.83	89	112	134	179	224	270	316	361	407	454	500	547	594	641	688	735
1000	0.785	3.14	99	124	149	199	249	299	350	401	452	503	554	606	658	710	762	814
1100	0.950	3.46	109	136	164	219	274	329	385	440	496	552	609	665	722	779	836	893
1200	1.131	3.77	119	149	178	238	298	359	419	480	541	602	663	724	786	848	910	972
1300	1.327	4.09	129	161	193	258	323	388	454	519	585	651	717	784	850	917	984	1051
1400	1.539	4.40	138	173	208	278	348	418	488	559	629	700	771	843	914	986	1058	1130
1500	1.767	4.71	148	186	223	297	372	447	523	598	674	750	826	902	978	1055	1132	1209
1600	2.017	5.03	158	198	238	317	397	477	557	638	718	799	880	961	1043	1124	1206	1289
1700	2.270	5.34	168	210	252	337	422	507	592	677	763	848	934	1020	1107	1193	1280	1367
1800	2.545	5.66	178	223	267	357	446	536	626	717	807	898	988	1080	1171	1262	1354	1446
1900	2.835	5.97	188	235	282	376	471	566	661	756	851	947	1043	1139	1235	1331	1428	1525
2000	3.142	6.28	198	247	297	396	496	595	695	795	896	996	1097	1198	1299	1400	1502	1603
2200	3.801	6.81		272	326	436	545	655	764	874	985	1095	1205	1316	1427	1538	1650	1761
2400	4.524	7.55			356	475	594	714	833	953	1073	1193	1314	1435	1555	1676	1798	1919
2600	5.309	8.17			386	515	644	773	902	1032	1162	1292	1422	1553	1684	1815	1945	2077
2800	6.158	8.80			415	554	693	832	972	1111	1251	1391	1531	1671	1812	1953	2094	2235
3000	7.030	9.43				593	742	891	1041	1190	1340	1489	1639	1790	1940	2091	2242	2393
3200	8.050	10.05				633	792	950	1110	1269	1428	1588	1748	1908	2068	2229	2390	2550
3400	9.075	10.68				672	841	1010	1179	1348	1517	1687	1857	2026	2197	2367	2538	2708
3600	10.180	11.32				712	890	1069	1248	1427	1606	1785	1965	2145	2325	2505	2685	2866
3800	11.340	11.83				751	940	1128	1317	1506	1695	1884	2074	2263	2453	2643	2833	3024
4000	12.566	12.57				791	989	1187	1386	1585	1784	1983	2182	2382	2581	2781	2981	3182

D. 2   椭圆封头（摘自 GB/T 25198—2010）

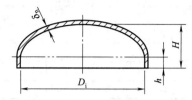

表 D-2   以内径为公称直径的椭圆封头的型式和尺寸

公称直径 DN /mm	总深度 H /mm	内表面积 A /m²	容积 V /m³	公称直径 DN /mm	总深度 H /mm	内表面积 A /m²	容积 V /m³
300	100	0.1211	0.0053	2600	690	7.6545	2.5131
350	113	0.1603	0.0080	2700	715	8.2415	2.8055
400	125	0.2049	0.0115	2800	740	8.8503	3.1198
450	138	0.2548	0.0159	2900	765	9.4807	3.4567
500	150	0.3103	0.0213	3000	790	10.1329	3.8170
550	163	0.3711	0.0277	3100	815	10.8067	4.2015
600	175	0.4374	0.0353	3200	840	11.5021	4.6110
650	188	0.5090	0.0442	3300	865	12.2193	5.0463
700	200	0.5861	0.0545	3400	890	12.9581	5.5080
750	213	0.6686	0.0663	3500	915	13.7186	5.9972
800	225	0.7566	0.0796	3600	940	14.5008	6.5144
850	238	0.8499	0.0946	3700	965	15.3047	7.0605
900	250	0.9487	0.1113	3800	990	16.1303	7.6364
950	263	1.0529	0.1300	3900	1015	16.9775	8.2427
1000	275	1.1625	0.1505	4000	1040	17.8464	8.8802
1100	300	1.3980	0.1980	4100	1065	18.7370	9.5498
1200	325	1.6552	0.2545	4200	1090	19.6493	10.2523
1300	350	1.9340	0.3208	4300	1115	20.5832	10.9883
1400	375	2.2346	0.3977	4400	1140	21.5389	11.7588
1500	400	2.5568	0.4860	4500	1165	22.5162	12.5644
1600	425	2.9007	0.5864	4600	1190	23.5152	13.4060
1700	450	3.2662	0.6999	4700	1215	24.5359	14.2844
1800	475	3.6535	0.8270	4800	1240	25.5782	15.2003
1900	500	4.0624	0.9687	4900	1265	26.6422	16.1545
2000	525	4.4930	1.1257	5000	1290	27.7280	17.1479
2100	565	5.0443	1.3508	5100	1315	28.8353	18.1811
2200	590	5.5229	1.5459	5200	1340	29.9644	19.2550
2300	615	6.0233	1.7588	5300	1365	31.1152	20.3704
2400	640	6.5453	1.9905	5400	1390	32.2876	21.5281
2500	665	7.0891	2.2417	5500	1415	33.4817	22.7288

注：当封头公称直径 $DN \leqslant 2000$mm 时，直边高度 h 宜为 25mm；当封头公称直径 $DN > 2000$mm 时，直边高度 h 宜为 40mm。

表 D-3　以内径为公称直径的椭圆封头的质量

公称直径 DN /mm	厚度 δ /mm	质量 m /kg	公称直径 DN /mm	厚度 δ /mm	质量 m /kg	公称直径 DN /mm	厚度 δ /mm	质量 m /kg	公称直径 DN /mm	厚度 δ /mm	质量 m /kg
300	4	3.8	600	6	20.4	900	10	74.1	1400	16	279.2
	5	4.8		8	27.5		12	89.3		18	315.2
	6	5.8		10	34.6		14	104.8		20	351.4
	8	7.8		12	41.8		16	120.4		22	387.9
350	4	5.0		14	49.2		18	136.1		24	424.6
	5	6.3		16	56.7		20	152.0		26	461.5
	6	7.6		18	64.2		22	168.1	1500	16	318.9
	8	10.3	650	6	23.8	950	10	82.1		18	359.9
400	4	6.4		8	31.9		12	99.0		20	401.1
	5	8.0		10	40.2		14	116.1		22	442.7
	6	9.7		12	48.5		16	133.3		24	484.4
	8	13.1		14	57.0		18	150.7		26	526.5
	10	16.5		16	65.6		20	168.3	1600	16	361.1
	12	20.0		18	74.4		22	186.0		18	407.5
	14	23.6	700	6	27.3	1000	10	90.5		20	454.1
450	4	7.9		8	36.6		12	109.1		22	501.1
	5	10.0		10	46.1		14	127.9		24	548.3
	6	12.0		12	55.7		16	146.9		26	595.7
	8	16.2		14	65.4		18	166.0	1700	18	458.1
	10	20.4		16	75.3		20	185.3		20	510.5
	12	24.8		18	85.2		22	204.8		22	563.1
	14	29.2	750	6	31.1	1100	12	130.9		24	616.0
500	4	9.6		8	41.7		14	153.3		26	669.3
	5	12.1		10	52.5		16	176.0		28	722.8
	6	14.6		12	63.4		18	198.9	1800	18	511.7
	8	19.6		14	74.4		20	221.9		20	570.1
	10	24.7		16	85.6		22	245.2		22	628.7
	12	30.0		18	96.8		24	268.6		24	687.8
	14	35.3	800	10	59.3	1200	12	154.6		26	747.1
	16	40.7		12	71.5		14	181.1		28	806.7
	18	46.2		14	83.9		16	207.8	1900	18	568.2
	20	51.8		16	96.5		18	234.7		20	632.9
550	4	11.5		18	109.2		20	261.8		22	698.0
	5	14.4		20	122.0		22	289.1		24	763.4
	6	17.4		22	135.0		24	316.6		26	829.1
	8	23.4	850	10	66.5	1300	14	211.1		28	895.2
	10	29.5		12	80.2		16	242.2	2000	18	627.7
	12	35.7		14	94.1		18	273.4		20	699.1
	14	41.9		16	108.1		20	304.9		22	770.9
	16	48.3		18	122.3		22	336.7		24	843.0
	18	54.8		20	136.6		24	368.6		26	915.5
	20	61.4		22	151.1		26	400.8		28	988.3

D.3 压力容器法兰（摘自 NB/T 47021—2012）

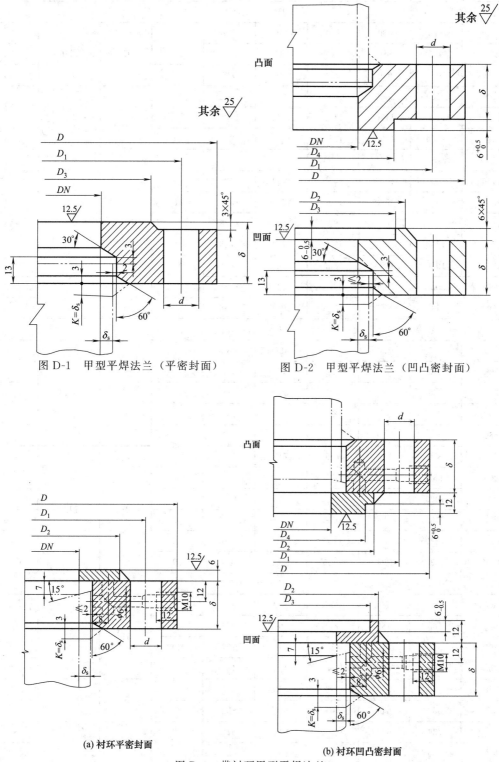

图 D-1 甲型平焊法兰（平密封面）

图 D-2 甲型平焊法兰（凹凸密封面）

(a) 衬环平密封面

(b) 衬环凹凸密封面

图 D-3 带衬环甲型平焊法兰

表 D-4　甲型平焊法兰系列尺寸　　　　mm

公称直径 DN	法 兰							螺 柱	
	D	D_1	D_2	D_3	D_4	δ	d	规格	数量/个
PN=0.25MPa									
700	815	780	750	740	737	36	18	M16	28
800	915	880	850	840	837				32
900	1015	980	950	940	937				36
1000	1130	1090	1055	1045	1042	40			32
1100	1230	1190	1155	1141	1138				
1200	1330	1290	1255	1241	1238	44			36
1300	1430	1390	1355	1341	1338	46			40
1400	1530	1490	1455	1441	1438		23	M20	
1500	1630	1590	1555	1541	1538	48			44
1600	1730	1690	1655	1641	1638	50			48
1700	1830	1790	1755	1741	1738	52			52
1800	1930	1890	1855	1841	1838	56			
1900	2030	1990	1955	1941	1938				56
2000	2130	2090	2055	2041	2038	60			60
PN=0.6MPa									
450	565	530	500	490	487	30	18	M16	20
500	615	580	550	540	537				
550	665	630	600	590	587	32			24
600	715	680	650	640	637				
650	765	730	700	690	687	36			28
700	830	790	755	745	742		23	M20	24
800	930	890	855	845	842	40			
900	1030	990	955	945	942	44			32
1000	1130	1090	1055	1045	1042	48			36
1100	1230	1190	1155	1141	1138	55			44
1200	1330	1290	1255	1241	1238	60			52
PN=1.0MPa									
300	415	380	350	340	337	26	18	M16	16
350	465	430	400	390	387	26			
400	515	480	450	440	437	30			20
450	565	530	500	490	487	34			24
500	630	590	555	545	542		23	M20	20
550	680	640	605	595	592	38			24
600	730	690	655	645	642	40			
650	780	740	705	695	692	44			28

续表

公称直径 DN	法兰							螺柱	
	D	D_1	D_2	D_3	D_4	δ	d	规格	数量/个
700	830	790	755	745	742	46			32
800	930	890	855	845	842	54	23	M20	40
900	1030	990	955	945	942	60			48
$PN=1.6\text{MPa}$									
300	430	390	355	345	342	30			16
350	480	440	405	395	392	32			
400	530	490	455	445	442	36			20
450	580	540	505	495	492	40			24
500	630	590	555	545	542	44	23	M20	28
550	680	640	605	595	592	50			36
600	730	690	655	645	642	54			40
650	780	740	705	695	692	58			44

表 D-5　甲型平焊法兰及衬环的质量　　kg

公称直径 DN/mm	法兰质量			公称直径 DN/mm	法兰质量		
	平面	凸面	凹面		平面	凸面	凹面
$PN=0.25\text{MPa}$				$PN=0.6\text{MPa}$			
700	37.1	39.0	37.6	1100	96.7	99.9	97.9
800	44.3	46.5	44.9	1200	113.9	117.4	115.2
900	52.0	54.6	52.7	$PN=1.0\text{MPa}$			
1000	65.1	68.3	65.9	300	12.5	13.4	12.8
1100	71.5	74.7	72.7	350	14.4	15.4	14.7
1200	85.3	88.7	86.6	400	18.5	19.7	18.8
1300	96.1	99.8	97.5	450	23.2	24.5	23.5
1400	103.4	107.4	104.9	500	29.1	30.7	29.5
1500	115.2	119.4	116.8	550	35.2	37.0	35.7
1600	127.5	132.0	129.2	600	40.3	42.2	40.8
1700	140.4	145.2	142.2	650	47.4	49.5	47.0
1800	160.2	165.3	162.1	700	52.8	55.0	53.3
1900	168.6	174.0	170.6	800	69.5	72.1	70.2
2000	189.7	195.4	191.8	900	84.3	87.1	85.0
$PN=0.6\text{MPa}$				$PN=1.6\text{MPa}$			
450	20.64	21.92	21.00	300	16.4	17.4	16.6
500	22.7	24.2	23.2	350	20.0	21.2	20.3
550	26.4	27.9	26.8	400	25.1	26.4	25.4
600	28.6	30.3	29.1	450	30.7	32.1	31.0
650	34.5	36.4	35.0	500	36.8	38.4	37.2
700	42.0	44.3	42.6	550	44.0	45.7	44.4
800	47.8	50.3	48.4	600	52.2	54.2	52.7
900	64.6	67.5	65.3	650	60.2	62.3	60.7
1000	77.7	80.9	78.5				

D.4 凸缘法兰（摘自 HG/T 21564—1995）

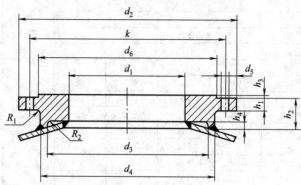

图 D-4 R 型突面凸缘法兰

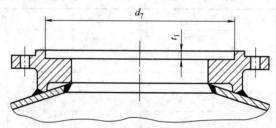

图 D-5 M 型凹面凸缘法兰

表 D-6 凸缘法兰主要尺寸 mm

公称直径 DN	d_1	d_2	k	d_3	d_4	h_1	h_2	h_4	螺栓数量	螺栓螺纹	d_5	R_1	R_2	质量/kg	R型 d_6	R型 h_3	M型 d_7	M型 t_1
200	200	340	295	220	245	34	65	4	8	M20	22	4	2	19	266	3	250	4.5
250	245	395	350	280	300	36	65	4	12	M20	22	4	2	26	320	3	304	4.5
300	280	445	400	325	350	36	65	5	12	M20	22	4	2	33.5	370	3	354	4.5
400	410	565	515	430	455	42	85	7	16	M20	22	4	2	46	481	3	462	5
500	430	670	620	520	560	46	90	8	20	M24	26	4	3	102	585	4	566	5
700	530	830	780	670	720	60	100	14	28	M24	26	5	4	198	745	4	725	5.5
900	720	1045	990	860	920	68	110	15	36	M27	30	5	4	417	945	4	925	5.5

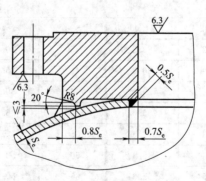

图 D-6 凸缘法兰焊接结构详图

D.5 安装底盖（摘自 HG/T 21565—1995）

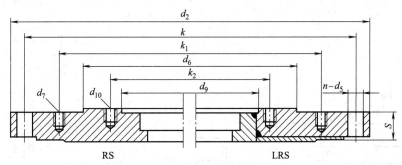

图 D-7 RS 型和 LRS 型安装底盖

表 D-7 安装底盖尺寸（一） mm

安装底盖公称直径 DN	机架公称直径	d_2	k	d_5	d_6(h7)	k_1	d_7	S
200	200	340	295	8—22	245	—	—	40
250	250	395	350	12—22	290	—	—	40
300	300	445	400	12—22	320	—	—	50
400	250	565	515	16—26	290	350	12-M20	50
	300				320	400	12-M20	
	400				415	—	—	
500	300	670	620	20—26	320	400	12-M20	65
	400				415	515	16-M24	
	500				520	—	—	
700	300	830	780	28—26	320	400	12-M20	82
	400				415	515	16-M24	
	500				520	620	20-M24	
	700				670	—	—	
900	400	1054	990	36—30	415	515	16-M24	100
	500				520	620	20-M24	
	700				670	780	28-M24	

表 D-8 安装底盖尺寸（二） mm

传动轴直径 d	d_6(H7)	k_2	d_{10}	传动轴直径 d	d_6(H7)	k_2	d_{10}
30	110	145	4-M16	100	234	270	8-M20
40	110	145	4-M16	110	260	295	8-M20
50	176	210	8-M16	120	260	295	8-M20
60	176	210	8-M16	130	260	295	8-M20
70	176	210	8-M16	140	313	350	12-M20
80	204	240	8-M20	160	313	350	12-M20
90	234	270	8-M20				

D. 6　耳式支座（摘自 NB/ T 47065.3—2018）

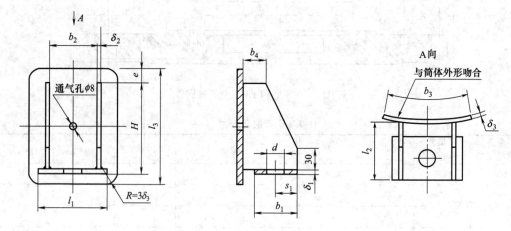

图 D-8　A 型耳式支座（支座号 1～5）

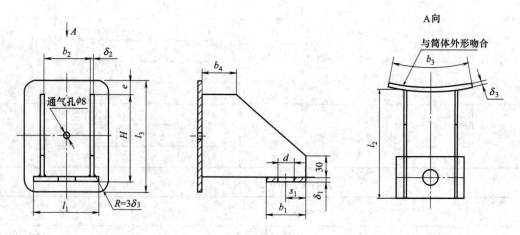

图 D-9　B 型耳式支座（支座号 1～5）

表 D-9 耳式支座参数尺寸 mm

	A 型（支座号 1~5）																					

A 型（支座号 1~5）

支座号	支座本体允许载荷[Q]/kN			适用容器公称直径 DN	高度 H	底板				筋板			垫板				盖板		地脚螺栓		支座质量/kg
	Ⅰ	Ⅱ	Ⅲ			l_1	b_1	δ_1	s_1	l_2	b_2	δ_2	l_3	b_3	δ_3	e	b_4	δ_4	d	规格	
1	12	11	14	300~600	125	100	60	6	30	80	70	4	160	125	6	20	30	—	24	M20	1.7
2	21	19	24	500~1000	160	125	80	8	40	100	90	5	200	160	6	24	30	—	24	M20	3.0
3	37	33	43	700~1400	200	160	105	10	50	125	110	6	250	200	8	30	30	—	30	M24	6.0
4	75	67	86	1000~2000	250	200	140	14	70	160	140	8	315	250	8	40	30	—	30	M24	11.1
5	95	85	109	1300~2600	320	250	180	16	90	200	180	10	400	320	10	48	30	—	30	M24	21.6

B 型（支座号 1~5）

支座号	支座本体允许载荷[Q]/kN			适用容器公称直径 DN	高度 H	底板				筋板			垫板				盖板		地脚螺栓		支座质量/kg
	Ⅰ	Ⅱ	Ⅲ			l_1	b_1	δ_1	s_1	l_2	b_2	δ_2	l_3	b_3	δ_3	e	b_4	δ_4	d	规格	
1	12	11	14	300~600	125	100	60	6	30	160	70	5	160	125	6	20	50	—	24	M20	2.5
2	21	19	24	500~1000	160	125	80	8	40	180	90	6	200	160	6	24	50	—	24	M20	4.3
3	37	33	43	700~1400	200	160	105	10	50	205	110	8	250	200	8	30	50	—	30	M24	8.3
4	75	67	86	1000~2000	250	200	140	14	70	290	140	10	315	250	8	40	70	—	30	M24	15.7
5	95	85	109	1300~2600	320	250	180	16	90	330	180	12	400	320	10	48	70	—	30	M24	28.7

注：1. 支座垫板材料与容器材料相同，支座的底板和筋板材料，Ⅰ 为 Q235B；Ⅱ 为 S30408；Ⅲ 为 15CrMoR。
2. 表中支座质量是以表中的垫板厚度 δ_3 计算的，若厚度 δ_3 改变，则支座的质量相应改变。

D.7 带颈平焊法兰手孔（摘自 HG/T 21530—2014）

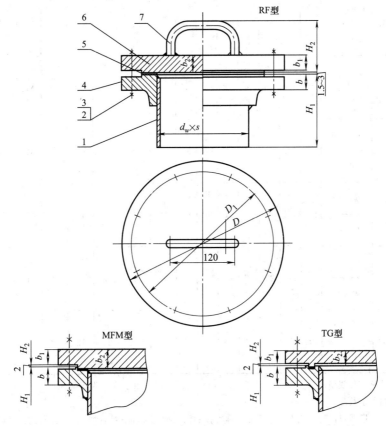

图 D-10 带颈平焊法兰手孔的结构型式

1—筒节；2—六角头螺栓（全螺纹螺柱）；3—螺母；4—法兰；5—垫片；6—法兰盖；7—把手

表 D-10　带颈平焊法兰手孔的主要尺寸

密封面型式	公称压力 PN	公称直径 DN /mm	$d_w \times s$	D	D_1	b	b_1	b_2	H_1	H_2	螺栓螺母 数量	螺栓 直径×长度 /mm	螺柱 数量	螺母 数量	螺柱 直径×长度 /mm	质量/kg 总质量	其中不锈钢
突面 (RF 型)	10	150	159×4.5	285	240	22	20	22	160	88	8	M20×75	8	16	M20×105	24.5	—
			159×4.5													24.5	20.9
		250	273×8	395	350	26	24	26	190	92	12	M20×80	12	24	M20×110	52.3	—
			273×6													50.1	44.6
	16	150	159×6	285	240	22	20	22	170	88	8	M20×75	8	16	M20×105	25.5	—
			159×4.5													24.7	21.1
		250	273×8	405	355	26	24	26	200	92	12	M24×85	12	24	M24×120	58.6	—
			273×6													56.4	47
凹凸面 (MFM 型)	10	150	159×4.5	285	240	22	17	22	160	83	8	M20×75	8	16	M20×105	24.4	—
			159×4.5													24.4	20.8
		250	273×8	395	350	26	21	26	190	87	12	M20×80	12	24	M20×110	52	—
			273×6													49.9	44.4
	16	150	159×6	285	240	22	17	22	170	83	8	M20×75	8	16	M20×105	25.4	—
			159×4.5													24.6	21
		250	273×8	405	355	26	21	26	200	87	12	M24×85	12	24	M24×120	58.4	—
			273×6													56.2	46.8
榫槽面 (TG 型)	16	(150)	159×6	285	240	22	17	22	170	83	8	M20×75	8	16	M20×105	25.5	—
			159×4.5													24.7	21.1
		(250)	273×8	405	355	26	21	26	200	87	12	M24×85	12	24	M24×120	58.6	—
			273×6													56.4	47

注：1. 表中各公称直径规格的 $d_w \times s$ 尺寸和质量（kg）栏：上行适用于Ⅰ～Ⅲ类碳素钢材料的手孔，下行适用于Ⅷ～Ⅺ类不锈钢材料的手孔。

2. 手孔高度 H_1 系根据容器的直径不小于手孔公称直径的两倍而定；如有特殊要求，允许改变，但需注明改变后的 H_1 尺寸，并修正手孔质量。

3. 表中带括号的公称直径不宜采用。

D.8　回转盖带颈平焊法兰人孔（摘自 HG/ T 21517—2014）

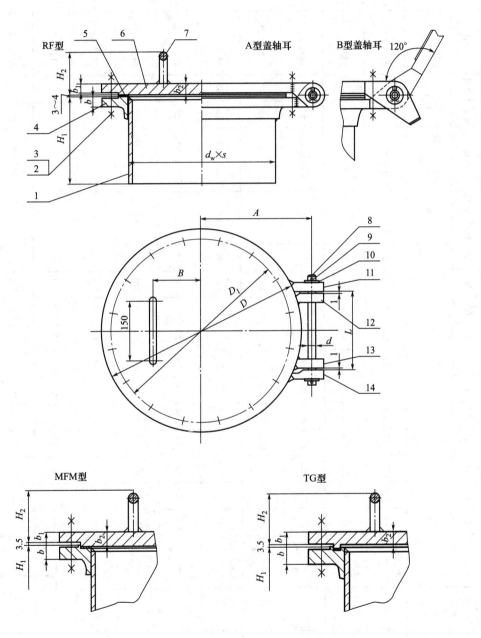

图 D-11　回转盖带颈平焊法兰人孔的结构型式

1—筒节；2—六角头螺栓（全螺纹螺柱）；3—螺母；4—法兰；5—垫片；6—法兰盖；7—把手；8—轴销；
9—销；10—垫圈；11,14—盖轴耳；12,13—法兰轴耳

表 D-11 回转盖带颈平焊法兰人孔的型式尺寸

密封面型式	公称压力 PN	公称直径 DN/mm	$d_w \times s$	D	D_1	A	B	L (mm)	b	b_1	b_2	H_1	H_2	d	螺栓 数量	螺栓 直径×长度/mm	螺柱 数量	螺柱 直径×长度/mm	质量/kg 总质量	其中 不锈钢
突面 (RF型)	10	(400)	426×8	565	515	315	125	200	26	24	26	220	106	20	16	M24×85	32	M24×120	113	—
			426×6	565	515	315	125	200											109	92
		450	480×8	615	565	340	150	250	28	26	28	230	108	20	20	M24×90	40	M24×125	138	—
			480×6	615	565	340	150	250											133	113
		500	530×8	670	620	365	175	250	28	26	28	250	108	24	20	M24×90	40	M24×125	162	—
			530×6	670	620	365	175	250											156	136
		600	630×8	780	725	420	225	350	28	32	34*	270	114	24	20	M27×95	40	M27×130	240	—
			630×6	780	725	420	225	350											232	205
突面 (RF型)	16	(400)	426×10	580	525	320	150	200	32	30	32*	230	112	24	16	M27×100	32	M27×140	146	—
			426×8	580	525	320	150	200											142	119
		450	480×10	640	585	350	175	250	40	38	40*	240	120	24	20	M27×120	40	M27×155	202	—
			480×8	640	585	350	175	250											198	168
		500	530×10	715	650	390	200	300	44	42	44*	260	124	24	20	M30×130	40	M30×170	272	—
			530×8	715	650	390	200	300											266	228
		600	630×10	840	770	450	250	350	54	52	54*	280	134	30	20	M33×155	40	M33×200	428	—
			630×8	840	770	450	250	350											421	368
凹凸面 (MFM型)	10	(400)	426×8	565	515	315	125	200	26	20.5	26	220	101	20	16	M24×85	32	M24×120	112	—
			426×6	565	515	315	125	200											108	92
		450	480×8	615	565	340	150	250	28	22.5	28	230	103	20	20	M24×90	40	M24×125	137	—
			480×6	615	565	340	150	250											133	113

续表

密封面型式	公称压力 PN	公称直径 DN /mm	$d_w \times s$	D	D_1	A	B	L	b	b_1	b_2	H_1	H_2	d	螺栓螺母 数量	螺栓 直径×长度 /mm	螺柱螺母 数量	螺柱 直径×长度 /mm	质量/kg 总质量	质量/kg 其中不锈钢
凹凸面 (MFM型)	10	500	530×8	670	620	365	175	250	28	22.5	28	250	103	24	20	M24×90	20	M24×125	161	—
			530×6																156	135
		600	630×8	780	725	420	225	350	28	28.5	34*	270	109	24	20	M27×95	20	M27×130	239	—
			630×6																232	205
	16	(400)	426×10	580	525	320	150	200	32	26.5	32*	230	107	24	16	M27×100	16	M27×140	145	—
			426×8																141	119
		450	480×10	640	585	350	175	250	40	34.5	40*	240	115	24	20	M27×120	20	M27×155	202	—
			480×8																197	168
		500	530×10	715	650	390	200	300	44	38.5	44*	260	119	24	20	M30×130	20	M30×170	271	—
			530×8																266	228
		600	630×10	840	770	450	250	350	54	48.5	54*	280	129	30	20	M33×155	20	M33×200	427	—
			630×8																420	368
槽槽面 (TG型)	16	(400)	426×10	580	525	320	150	200	32	26.5	32*	230	107	24	16	M27×100	16	M27×140	146	—
			426×8																142	119
		(450)	480×10	640	585	350	175	250	40	34.5	40*	240	115	24	20	M27×120	20	M27×155	202	—
			480×8																198	168
		(500)	530×10	715	650	390	200	300	44	38.5	44*	260	119	24	20	M30×130	20	M30×170	272	—
			530×8																266	228

注：1. 当人孔用于压力容器时，该规格不适用于 Q235B。

2. 表中各公称直径规格的 $d_w \times s$ 尺寸和质量（kg）栏：上行适用于 I～Ⅲ类碳素钢和低合金钢材料的人孔，下行适用于Ⅷ～Ⅺ类不锈钢材料的人孔。

3. 人孔高度 H_1 系根据容器的直径不小于人孔公称直径的两倍而定；如有特殊要求，允许改变，但需注明改变后的 H_1 尺寸，并修正人孔质量。

4. 表中带括号的公称直径不宜采用。

D.9　钢制管法兰（摘自 HG/ T 20592—2009）

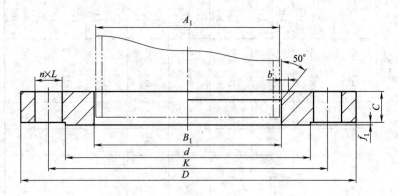

图 D-12　标准突面板式平焊钢制管法兰

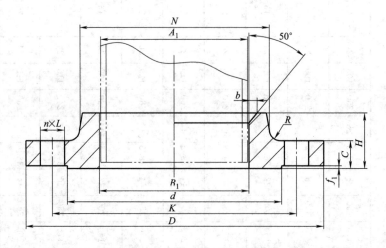

图 D-13　标准突面带颈平焊钢制管法兰

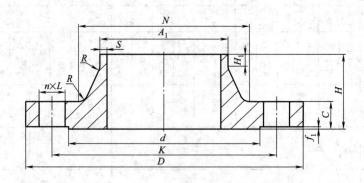

图 D-14　标准突面带颈对焊钢制管法兰

表 D-12　欧洲体系（PN 系列）PN16 突面（RF）板式平焊（PL）钢制管法兰及紧固件主要尺寸

mm

公称尺寸 DN	钢管外径 A₁		法兰内径 B₁		法兰外径 D	螺栓孔中心圆直径 K	连接尺寸			密封面尺寸		法兰厚度 C	坡口宽度 b	法兰近似质量 /kg	六角头螺栓		螺柱	
	A	B	A	B			螺栓孔直径 L	螺栓孔数量 n/个	螺栓 Th	突台直径 d	突台高度 f₁				螺栓长度 L_{SR}	螺栓质量 /kg	螺柱长度 L_{ZR}	螺柱质量 /kg
10	17.2	14	18	15	90	60	14	4	M12	40	2	14	4	0.6	50	60	65	52
15	21.3	18	22.5	19	95	65	14	4	M12	45	2	14	4	0.7	50	60	65	52
20	26.9	25	27.5	26	105	75	14	4	M12	58	2	16	4	1.0	50	60	70	56
25	33.7	32	34.5	33	115	85	14	4	M12	68	2	16	5	1.0	50	60	70	56
32	42.4	38	43.5	39	140	100	18	4	M16	78	2	18	5	2.0	60	141	85	136
40	48.3	45	49.5	46	150	110	18	4	M16	88	2	18	5	2.0	60	141	85	136
50	60.3	57	61.5	59	165	125	18	4	M16	102	2	19	5	2.5	65	149	85	136
65	76.1	76	77.5	78	185	145	18	8	M16	122	2	20	6	3.0	65	149	70	112
80	88.9	89	90.5	91	200	160	18	8	M16	138	2	20	6	3.5	65	149	70	112
100	114.3	108	116	110	220	180	18	8	M16	158	2	22	6	4.5	70	157	95	152
125	139.7	133	143.5	135	250	210	18	8	M16	188	2	22	6	5.5	70	157	95	152
150	168.3	159	170.5	161	285	240	22	8	M20	212	2	24	6	7.0	80	282	105	252
200	219.1	219	221.5	222	340	295	22	12	M20	268	2	26	8	9.5	80	282	110	264
250	273	273	276.5	276	405	355	26	12	M24	320	2	29	10	14.0	95	500	125	450
300	323.9	325	328	328	460	410	26	12	M24	378	2	32	11	19.0	100	518	135	486
350	355.6	377	360	381	520	470	26	16	M24	428	2	35	12	28.0	105	536	140	504
400	406.4	426	411	430	580	525	30	16	M27	490	2	38	12	36.0	115	756	150	690
450	457	480	462	485	640	585	30	16	M27	550	2	42	12	46.0	120	779	160	736
500	508	530	513.5	535	715	650	33	20	M30	610	2	46	12	64.0	135	1051	175	980
600	610	630	616.5	636	840	770	33	20	M30	725	2	52	12	96.0	145	1107	185	1036

注：紧固件质量为每 1000 件的近似质量；紧固件长度未计入垫圈厚度。

表 D-13 欧洲体系（PN 系列）PN16 突面（RF）带颈平焊（SO）钢制管法兰及紧固件主要尺寸

mm

公称尺寸 DN	钢管外径 A_1 A	钢管外径 A_1 B	法兰内径 B_1 A	法兰内径 B_1 B	连接尺寸 法兰外径 D	连接尺寸 螺栓孔中心圆直径 K	连接尺寸 螺栓孔直径 L	连接尺寸 螺栓孔数量 n/个	螺栓 Th	密封面尺寸 突台直径 d	密封面尺寸 突台高度 f_1	法兰厚度 C	坡口宽度 b	法兰近似质量 /kg	六角头螺栓 螺栓长度 L_{SR}	六角头螺栓 螺栓质量 /kg	螺柱 螺柱长度 L_{ZR}	螺柱 螺柱质量 /kg	法兰高度 H
10	17.2	14	18	15	90	60	14	4	M12	40	2	16	4	0.5	50	60	70	56	22
15	21.3	18	22.5	19	95	65	14	4	M12	45	2	16	4	0.5	50	60	70	56	22
20	26.9	25	27.5	26	105	75	14	4	M12	58	2	18	4	1.0	55	64	75	60	26
25	33.7	32	34.5	33	115	85	14	4	M12	68	2	18	5	1.5	55	64	75	60	28
32	42.4	38	43.5	39	140	100	18	4	M16	78	2	18	5	2.0	60	141	85	136	30
40	48.3	45	49.5	46	150	110	18	4	M16	88	2	18	5	2.0	60	141	85	136	32
50	60.3	57	61.5	59	165	125	18	4	M16	102	2	18	5	2.5	60	141	85	136	28
65	76.1	76	77.5	78	185	145	18	8	M16	122	2	18	6	3.0	60	141	85	136	32
80	88.9	89	90.5	91	200	160	18	8	M16	138	2	20	6	4.0	65	149	90	144	34
100	114.3	108	116	110	220	180	18	8	M16	158	2	20	6	4.5	65	149	90	144	40
125	139.7	133	143.5	135	250	210	18	8	M16	188	2	22	6	6.5	70	157	95	152	44
150	168.3	159	170.5	161	285	240	22	8	M20	212	2	22	6	7.5	75	270	105	252	44
200	219.1	219	221.5	222	340	295	22	8	M20	268	2	24	8	10.0	80	282	105	252	44
250	273	273	276.5	276	405	355	26	12	M24	320	2	26	10	14.0	85	464	120	432	46
300	323.9	325	328	328	460	410	26	12	M24	378	2	28	11	18.0	90	482	125	450	46
350	355.6	377	360	381	520	470	26	16	M24	428	2	30	12	28.5	95	500	130	468	57
400	406.4	426	411	430	580	525	30	16	M27	490	2	32	12	36.5	100	687	140	644	63
450	457	480	462	485	640	585	30	20	M27	550	2	40	12	49.5	120	779	155	713	68
500	508	530	513.5	535	715	650	33	20	M30	610	2	44	12	68.5	130	1023	170	952	73
600	610	630	616.5	636	840	770	36	20	M33	725	2	54	12	107.5	155	1456	200	1360	83

注：紧固件质量为每 1000 件的近似质量；紧固件长度未计入垫圈厚度。

表 D-14　欧洲体系 (PN 系列) **PN25** 突面 (RF) 带颈对焊 (WN) 钢制管法兰及紧固件主要尺寸　　　　　　　　mm

公称尺寸 DN	钢管外径 A₁		法兰颈 N		S≥	H₁≈	R	连接尺寸 法兰外径 D	螺栓孔中心圆直径 K	螺栓孔直径 L	螺栓孔数量 n/个	螺栓 Th	密封面尺寸 突台直径 d	突台高度 f₁	法兰厚度 C	法兰近似质量 /kg	螺柱 螺柱长度 L_ZR	螺柱质量 /kg	法兰高度 H
	A	B	A	B															
10	17.2	14	28	28	1.8	6	4	90	60	14	4	M12	40	2	16	0.5	70	56	35
15	21.3	18	32	32	2.0	6	4	95	65	14	4	M12	45	2	16	1.0	70	56	38
20	26.9	25	40	40	2.3	6	4	105	75	14	4	M12	58	2	18	1.0	75	60	40
25	33.7	32	46	46	2.6	6	4	115	85	14	4	M12	68	2	18	1.0	75	60	40
32	42.4	38	56	56	2.6	6	6	140	100	18	4	M16	78	2	18	2.0	85	136	42
40	48.3	45	64	64	2.6	7	6	150	110	18	4	M16	88	2	18	2.0	85	136	45
50	60.3	57	75	75	2.9	8	6	165	125	18	4	M16	102	2	20	3.0	90	144	48
65	76.1	65	90	90	2.9	10	6	185	145	18	8	M16	122	2	22	4.0	95	152	52
80	88.9	89	105	105	3.2	12	8	200	160	18	8	M16	138	2	24	5.0	95	152	58
100	114.3	108	134	134	3.6	12	8	235	190	22	8	M20	162	2	24	6.5	105	252	65
125	139.7	133	162	162	4.0	12	8	270	220	26	8	M24	188	2	26	9.0	120	432	68
150	168.3	159	192	190	4.5	12	10	300	250	26	8	M24	218	2	28	11.5	125	450	75
200	219.1	219	244	244	6.3	16	10	360	310	26	12	M24	278	2	30	17.0	130	468	80
250	273	273	298	298	7.1	18	12	425	370	30	12	M27	335	2	32	24.0	140	644	88
300	323.9	325	352	352	8.0	18	12	485	430	30	16	M27	395	2	34	31.5	145	667	92
350	355.6	377	398	420	8.0	20	12	555	490	33	16	M30	450	2	38	48.0	155	868	100
400	406.4	426	452	472	8.8	20	12	620	550	36	16	M33	505	2	40	63.0	170	1156	110
450	457	480	500	522	8.8	20	12	670	600	36	20	M33	555	2	46	75.5	180	1224	110
500	508	530	558	580	10	20	12	730	660	36	20	M33	615	2	48	96.5	185	1258	125
600	610	630	660	680	11	20	12	845	770	39	20	M36×3	720	2	58	138.6	205	1640	125

注: 紧固件质量为每 1000 件的近似质量; 紧固件长度未计入垫圈厚度。

D.10　补强圈（摘自 JB／T 4736—2002）

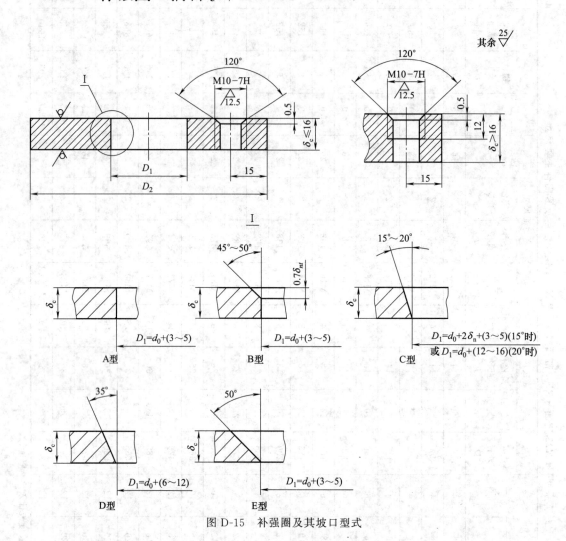

图 D-15　补强圈及其坡口型式

表 D-15　补强圈尺寸系列

接管公称直径 dN	外径 D_2	内径 D_1	厚度 δ_c/mm												
			4	6	8	10	12	14	16	18	20	22	24	26	28	30
尺寸/mm			质量/kg													
50	130	按图 D-15 中的型式确定	0.32	0.48	0.64	0.80	0.96	1.12	1.28	1.43	1.59	1.75	1.91	2.07	2.23	2.57
65	160		0.47	0.71	0.95	1.18	1.42	1.66	1.89	2.13	2.37	2.60	2.84	3.08	3.31	3.55
80	180		0.59	0.88	1.17	1.46	1.75	2.04	2.34	2.63	2.92	3.22	3.51	3.81	4.10	4.38
100	200		0.68	1.02	1.35	1.69	2.03	2.37	2.71	3.05	3.38	3.72	4.06	4.40	4.74	5.08
125	250		1.08	1.62	2.16	2.70	3.24	3.77	4.31	4.85	5.39	5.93	6.47	7.01	7.55	8.09
150	300		1.56	2.35	3.13	3.91	4.69	5.48	6.26	7.04	7.82	8.60	9.38	10.2	10.9	11.7
175	350		2.23	3.34	4.46	5.57	6.69	7.80	8.92	10.0	11.1	12.3	13.4	14.5	15.6	16.6
200	400		2.72	4.08	5.44	6.80	8.16	9.52	10.9	12.2	13.6	14.9	16.3	17.7	19.0	20.4

续表

接管公称直径 dN	外径 D_2	内径 D_1	厚度 δ_c/mm												
			4	6	8	10	12	14	16	18	20	22	24	26	28	30
尺寸/mm			质量/kg														
225	440	按图D-15中的型式确定	3.24	4.87	6.49	8.11	9.74	11.4	13.0	14.6	16.2	17.8	19.5	21.1	22.7	24.3
250	480		3.79	5.68	7.58	9.47	11.4	13.3	15.2	17.0	18.9	20.8	22.7	24.6	26.5	28.4
300	550		4.79	7.18	9.58	12.0	14.4	16.8	19.2	21.6	24.0	26.3	28.7	31.1	33.5	36.0
350	620		5.90	8.85	11.8	14.8	17.7	20.6	23.6	26.6	29.5	32.4	35.4	38.3	41.3	44.2
400	680		6.84	10.3	13.7	17.1	20.5	24.0	27.4	31.0	34.2	37.6	41.0	44.5	48.0	51.4
450	760		8.47	12.7	16.9	21.2	25.4	29.6	33.9	38.1	42.3	46.5	50.8	55.0	59.2	63.5
500	840		10.4	15.6	20.7	25.9	31.1	36.3	41.5	46.7	51.8	57.0	62.2	67.4	72.5	77.7
600	980		13.8	20.6	27.5	34.4	41.3	48.2	55.1	62.0	68.9	75.7	82.6	89.5	96.4	103.3

注：1. 内径 D_1 为补强圈成形后的尺寸；
2. 表中质量为 A 型补强圈按接管公称直径计算所得值。

D.11　视镜（摘自 NB/T 47017—2011）

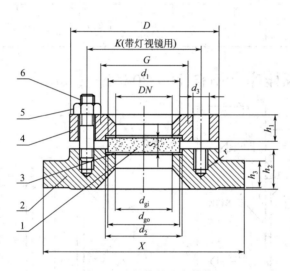

图 D-16　视镜的基本结构

1—视镜玻璃；2—视镜座；3—密封垫；4—压紧环；5—螺母；6—双头螺柱

表 D-16　视镜的主要尺寸　　　　　　　　　　　　　　　mm

公称直径 DN	公称压力 PN/MPa	视　镜							视镜片		密封垫		螺柱		质量/kg
		X	D	K	G	h_1	h_2	h_3	d_1	S	d_{gi}	d_{go}	数量 n/个	螺纹	
50	1.0	175	115	85	80	16	25	20	65	10	50	67	4	M12	5.4
	1.6					16				10					5.4
	2.5					20				12					5.6

续表

公称直径 DN	公称压力 PN /MPa	视镜							视镜片		密封垫		螺柱		质量 /kg
		X	D	K	G	h_1	h_2	h_3	d_1	S	d_{gi}	d_{go}	数量 n/个	螺纹	
80	1.0	203	165	125	110	16	30	25	100	15	80	102	4	M16	8.6
	1.6					16				15					8.6
	2.5					20				20					9.2
100	1.0	259	200	160	135	20	30	25	125	15	100	127	8	M16	14.1
	1.6					20				20					14.2
	2.5					25				25					15.1
125	0.6	312	220	180	160	18	30	25	150	20	125	152	8	M16	18.2
	1.0					22				20					18.7
	1.6					22				25					18.8
150	0.6	312	250	210	185	18	30	25	175	20	150	177	8	M16	18.2
	1.0					25				20					20.1
	1.6					25				25					20.3
200	0.6	363	315	270	240	20	36	30	225	25	200	227	8	M20	27.4
	1.0					35				30					33.2

D.12　地脚螺栓座（摘自 HG 20652—1998）

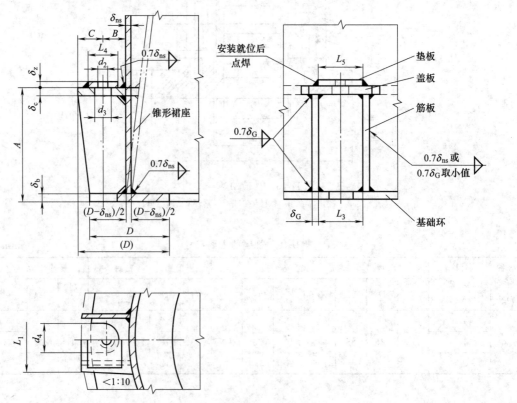

图 D-17　外螺栓座结构型式

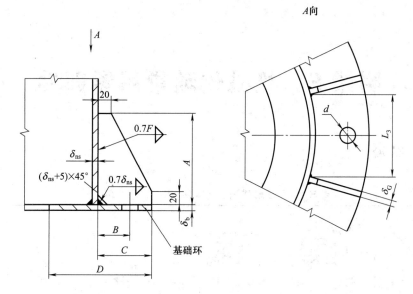

图 D-18　单环板螺栓座结构型式

表 D-17　外螺栓座尺寸表　　　　　　　　mm

螺栓规格	A	B	C	$(D)/D$	L_3	δ_G	δ_c	δ_z	L_1	L_5	L_4	d_2	d_3	d_4	δ_b
M24×3	200	55	45	190/160	70	12	16	12	130	100	50	27	40	50	
M27×3	200	60	50	200/170	75	12	18	12	140	110	60	30	43	50	
M30×3.5	250	65	55	210/180	80	14	20	14	150	120	70	33	45	50	
M36 × 4	250	70	60	230/200	85	16	22	16	160	130	80	39	50	50	
M42×4.5	300	75	65	240/210	90	18	24	18	170	140	90	45	60	60	
M48×5	300	80	70	260/220	100	20	26	20	190	150	100	51	65	70	见注
M56×5.5	350	85	75	280/240	110	20	30	22	210	170	110	59	75	80	
M64×6	350	90	80	300/260	120	22	32	24	220	180	120	67	85	90	
M72×6	400	95	85	320/280	130	22	36	26	240	190	130	75	95	100	
M76× 6	400	100	90	340/290	135	24	40	26	250	200	140	79	100	110	
M80×6	450	105	95	360/310	140	26	40	28	270	220	150	83	110	120	
M90×6	450	115	105	380/330	150	28	46	30	280	230	160	93	120	130	

注：1.基础环板厚度 δ_b 应按本书 5.5 节进行计算确定，并向上圆整至钢板规格厚度，且不小于 16mm。

2.表中所列盖板厚度 δ_c 和筋板厚度 δ_G 为参考厚度，应按本书 5.5 节进行强度校核，以确定其最终的厚度，一般情况，筋板厚度 δ_G 不宜小于盖板厚度 δ_c 的 2/3。

3.盖板厚度 δ_c 不宜小于基础环板厚度 δ_b。

4.当相邻地脚螺栓间距小于等于 400mm 或 $3(L_3+\delta_G)$ 时，宜采用整体环形盖板。

5.地脚螺栓孔应跨中于裙座检查孔。

表 D-18　单环板螺栓座结构形式主要尺寸　　　　　　　　mm

螺栓规格	d	A	B	C	D	L_3	δ_G
M16×2	20	110	40	70	130	80	6
M20×2.5	25	120	45	75	150	100	8
M24×3	29	140	50	85	170	120	8
M27×3	32	160	55	95	180	140	10

注：基础环板厚度（δ_b）应按 NB/T 47041 或本书 5.5 节的相应规定计算确定，但不应小于 16mm。

附录 E　机械传动常用零部件

E.1　轴承

表 E-1　角接触球轴承（摘自 GB/T 292—2007）

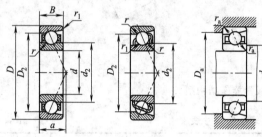

70000 C(AC)型　　70000 B型

符号含义与应用

C—接触角 $\alpha=15°$的轴承

AC—接触角 $\alpha=25°$的轴承

B—接触角 $\alpha=40°$的轴承

可同时承受径向、单向轴承载荷,承受纯径向载荷时,必须成对安装

基本尺寸 /mm			基本额定载荷/kN		极限转速 /(r/min)		质量 /kg	轴承代号	其他尺寸/mm					安装尺寸/mm		
d	D	B	C_r	C_{0r}	脂	油	W ≈		d_2 ≈	D_2 ≈	a	r min	r_1 min	d_a min	D_a max	r_a max
30	55	13	15.2	10.2	9500	14000	0.11	7006 C	38.4	47.7	12.2	1	0.3	36	49	1
	55	13	14.5	9.85	9500	14000	0.11	7006 AC	38.4	47.7	16.4	1	0.3	36	49	1
	62	16	23.0	15.0	9000	13000	0.19	7206 C	40.8	52.2	14.2	1	0.3	36	56	1
	62	16	22.0	14.2	9000	13000	0.19	7206 AC	40.8	52.2	18.7	1	0.3	36	56	1
35	62	14	19.5	14.2	8500	12000	0.15	7007 C	43.3	53.7	13.5	1	0.3	41	56	1
	62	14	18.5	13.5	8500	12000	0.15	7007 AC	43.3	53.7	18.5	1	0.3	41	56	1
	72	17	30.5	20.0	8000	11000	0.28	7207 C	46.8	60.2	15.7	1.1	0.6	42	65	1
	72	17	29.0	19.2	8000	11000	0.28	7207 AC	46.8	60.2	21	1.1	0.6	42	65	1
40	68	15	20.0	15.2	8000	11000	0.18	7008 C	48.8	59.2	14.7	1	0.3	46	62	1
	68	15	19.0	14.5	8000	11000	0.18	7008 AC	48.8	59.2	20.1	1	0.3	46	62	1
	80	18	36.8	25.3	7500	10000	0.37	7208 C	52.8	67.2	17	1.1	0.6	47	73	1
	80	18	35.2	24.5	7500	10000	0.37	7208 AC	52.8	67.2	23	1.1	0.6	47	73	1
45	75	16	25.8	20.5	7500	10000	0.23	7009 C	54.2	65.9	16	1	0.3	51	69	1
	75	16	25.8	29.5	7500	10000	0.23	7009 AC	54.2	65.9	21.9	1	0.3	51	69	1
	85	19	38.5	28.5	6700	9000	0.41	7209 C	58.8	73.2	18.2	1.1	0.6	52	78	1
	85	19	36.8	27.2	6700	9000	0.41	7209 AC	58.8	73.2	24.7	1.1	0.6	52	78	1
50	80	16	26.5	22.0	6700	9000	0.25	7010 C	59.2	70.9	16.7	1	0.3	56	74	1
	80	16	25.2	21.0	6700	9000	0.25	7010 AC	59.2	70.9	23.2	1	0.3	56	74	1
	90	20	42.8	32.0	6300	5800	0.46	7210 C	62.4	77.7	19.4	1.1	0.6	57	83	1
	90	20	40.8	30.5	6300	5800	0.46	7210 AC	62.4	77.7	26.3	1.1	0.6	57	83	1

续表

基本尺寸/mm			基本额定载荷/kN		极限转速/(r/min)		质量/kg	轴承代号	其他尺寸/mm					安装尺寸/mm		
d	D	B	C_r	C_{0r}	脂	油	W ≈		d_2 ≈	D_2 ≈	a	r min	r_1 min	d_a min	D_a max	r_a max
55	90	18	37.2	30.5	6000	8000	0.38	7011 C	65.4	79.7	18.7	1.1	0.6	62	83	1
	90	18	35.2	29.2	6000	8000	0.38	7011 AC	65.4	79.7	25.9	1.1	0.6	62	83	1
	100	21	52.8	40.5	5600	7500	0.61	7211 C	68.9	86.1	20.9	1.5	0.6	64	91	1.5
	100	21	50.5	38.5	5600	7500	0.61	7211 AC	68.9	86.1	28.6	1.5	0.6	64	91	1.5
60	95	18	38.2	32.8	5600	7500	0.4	7012 C	71.4	85.7	19.4	1.1	0.6	67	88	1
	95	18	36.2	31.5	5600	7500	0.4	7012 AC	71.4	85.7	27.1	1.1	0.6	67	88	1
	110	22	61.0	48.5	5300	7000	0.8	7212 C	76	94.1	22.4	1.5	0.6	69	101	1.5
	110	22	58.2	46.2	5300	7000	0.8	7212 AC	76	94.1	30.8	1.5	0.6	69	101	1.5
65	100	18	40.0	35.5	3500	7000	0.43	7013 C	75.3	89.8	20.1	1.1	0.6	72	93	1
	100	18	38.0	33.8	3500	7000	0.43	7013 AC	75.3	89.8	28.2	1.1	0.6	72	93	1
	120	23	69.8	55.2	4800	6300	1	7213 C	82.5	102.5	24.2	1.5	0.6	74	111	1.5
	120	23	66.5	52.5	4800	6300	1	7213 AC	82.5	102.5	33.5	1.5	0.6	74	111	1.5
70	110	20	48.2	43.5	5000	6700	0.6	7014 C	82	98	22.1	1.1	0.6	77	103	1
	110	20	45.8	41.5	5000	6700	0.6	7014 AC	82	98	30.9	1.1	0.6	77	103	1
	125	24	70.2	60.0	4500	6700	1.1	7214 C	89	109	25.3	1.5	0.6	79	116	1.5
	125	24	69.2	57.5	4500	6700	1.1	7214 AC	89	109	35.1	1.5	0.6	79	116	1.5
75	115	20	49.5	46.5	4800	6300	0.63	7015 C	88	104	22.7	1.1	0.6	82	108	1
	115	20	46.8	44.2	4800	6300	0.63	7015 AC	88	104	32.2	1.1	0.6	82	108	1
	125	24	70.2	60.0	4500	6700	1.1	7214 C	89	109	25.3	1.5	0.6	79	116	1.5
	125	24	69.2	57.5	4500	6700	1.1	7214 AC	89	109	35.1	1.5	0.6	79	116	1.5
80	125	22	58.5	55.8	4500	6000	0.85	7016 C	95.2	112.8	24.7	1.1	0.6	87	118	1
	125	22	55.5	53.2	4500	6000	0.85	7016 AC	95.2	112.8	34.9	1.1	0.6	87	118	1
	140	26	89.5	78.2	4000	5300	1.45	7216 C	100	122	27.7	2	1	90	130	2
	140	26	85	74.5	4000	5300	1.45	7216 AC	100	122	38.9	2	1	90	130	2
85	130	22	62.5	60.2	4300	5600	0.89	7017 C	99.4	117.6	25.4	1.1	0.6	92	123	1
	130	22	59.2	57.2	4300	5600	0.89	7017 AC	99.4	117.6	36.1	1.1	0.6	92	123	1
	150	28	99.8	85.0	3800	5000	1.8	7217 C	107.1	131	29.9	2	1	95	140	2
	150	28	94.8	81.5	3800	5000	1.8	7217 AC	107.1	131	41.6	2	1	95	140	2
90	140	24	71.5	69.8	4000	5300	1.15	7018 C	107.2	126.8	27.4	1.5	0.6	99	131	1.5
	140	24	67.5	66.5	4000	5300	1.15	7018 AC	107.2	126.8	38.8	1.5	0.6	99	131	1.5
	160	30	122	105	3600	4800	2.25	7218 C	111.7	138.4	31.7	2	1	100	150	2
	160	30	118	100	3600	4800	2.25	7218 AC	111.7	138.4	44.2	2	1	100	150	2
95	145	24	73.5	73.2	3800	5000	1.2	7019 C	110.2	129.8	28.1	1.5	0.6	104	136	1.5
	145	24	69.5	69.8	3800	5000	1.2	7019 AC	110.2	129.8	40	1.5	0.6	104	136	1.5
	170	32	135	115	3400	4500	2.7	7219 C	118.1	147	33.8	2.1	1.1	107	158	2.1
	170	32	128	108	3400	4500	2.7	7219 AC	118.1	147	46.9	2.1	1.1	107	158	2.1
100	150	24	79.2	78.5	3800	5000	1.25	7020 C	114.6	135.4	28.7	1.5	0.6	109	141	1.5
	150	24	75	74.8	3800	5000	1.25	7020 AC	114.6	135.4	41.2	1.5	0.6	109	141	1.5
	180	34	148	128	3200	4300	3.25	7220 C	124.8	155.3	35.8	2.1	1.1	112	168	2.1
	180	34	142	122	3200	4300	3.25	7220 AC	124.8	155.3	49.7	2.1	1.1	112	168	2.1

续表

基本尺寸/mm			基本额定载荷/kN		极限转速/(r/min)		质量/kg	轴承代号	其他尺寸/mm					安装尺寸/mm		
d	D	B	C_r	C_{0r}	脂	油	W ≈		d_2 ≈	D_2 ≈	a	r min	r_1 min	d_a min	D_a max	r_a max
105	160	26	88.5	88.8	3600	4800	1.6	7021 C	121.5	143.6	30.8	2	1	118	150	2
	160	26	83.8	84.2	3600	4800	1.6	7021 AC	121.5	143.6	43.9	2	1	118	150	2
	190	36	162	145	3000	4000	3.85	7221 C	131.3	163.8	37.8	2.1	1.1	117	178	2.1
	190	36	155	138	3000	4000	3.85	7221 AC	131.3	163.8	52.4	2.1	1.1	117	178	2.1
110	170	28	100	102	3600	4800	1.95	7022 C	129.1	152.9	32.8	2	1	120	160	2
	170	28	95.5	97.2	3600	4800	1.95	7022 AC	129.1	152.9	46.7	2	1	120	160	2
	200	38	175	162	2800	3800	4.55	7320 C	138.9	173.2	39.8	2.1	1.1	122	188	2.1
	200	38	168	155	2800	3800	4.55	7320 AC	138.9	173.2	55.2	2.1	1.1	122	188	2.1
120	180	28	108	110	2800	3800	2.1	7024 C	137.7	162.4	34.1	2	1	130	170	2
	180	28	102	105	2800	3800	2.1	7024 AC	137.7	162.4	48.9	2	1	130	170	2
	215	40	188	180	2400	3400	5.4	7224 C	149.4	185.7	42.4	2.1	1.1	132	203	2.1
	215	40	180	172	2400	3400	5.4	7224 AC	149.4	185.7	59.1	2.1	1.1	132	203	2.1
130	200	33	128	135	2600	3600	3.2	7026 C	151.4	178.7	38.6	2	1	140	190	2
	200	33	122	128	2600	3600	3.2	7026 AC	151.4	178.7	54.9	2	1	140	190	2
	230	40	205	210	2200	3200	6.25	7226 C	162.9	199.3	44.3	3	1.1	144	216	2.5
	230	40	195	200	2200	3200	6.25	7226 AC	162.9	199.3	62.2	3	1.1	144	216	2.5
140	210	33	140	145	2400	3400	3.62	7028 C	162	188	40	2	1	150	200	2
	210	33	140	150	2200	3200	3.62	7028 AC	162	188	59.2	2	1	150	200	2
	250	42	230	245	1900	2800	9.36	7228 C	—	—	41.7	3	1.1	154	236	2.5
	250	42	230	235	1900	2800	9.36	7228 AC	—	—	68.6	3	1.1	154	236	2.5
150	225	35	160	155	2200	3200	4.83	7030 C	174	201	43	2.1	1.1	162	213	2.1
	225	35	152	168	2000	3000	4.83	7030 AC	174	201	63.2	2.1	1.1	162	213	2.1
160	290	48	262	298	1700	2400	14.5	7232 C	—	—	47.9	3	1.1	174	276	2.5
	290	48	248	278	1700	2400	14.5	7232 AC	—	—	78.9	3	1.1	174	276	2.5
170	260	42	192	222	1800	2600	8.25	7034 AC	—	—	73.4	2.1	1.1	182	248	2.1
	310	52	322	390	1600	2200	19.2	7234 C	—	—	51.5	4	1.5	188	292	3
	310	52	305	368	1600	2200	17.2	7234 AC	—	—	84.5	4	1.5	188	292	3
180	320	52	335	415	1500	2000	18.1	7236 C	—	—	52.6	4	1.5	198	302	3
	320	52	315	388	1500	2000	18.1	7236 AC	—	—	87	4	1.5	198	302	3
190	290	46	215	262	1600	2200	10.7	7038 AC	—	—	81.5	2.1	1.1	202	278	2.1
200	310	51	252	325	1500	2000	14.04	7040 AC	—	—	87.7	2.1	1.1	212	298	2.1
	360	58	360	475	1300	1800	25.2	7240 C	—	—	58.8	4	1.5	218	342	3
	360	58	345	448	1300	1800	25.2	7240 AC	—	—	97.3	4	1.5	218	342	3
220	400	65	358	482	1100	1600	38.5	7244 AC	—	—	108.1	4	1.5	2.38	382	3

表 E-2　圆锥滚子轴承（部分摘自 GB/T 297—2015）

径向当量动载荷

当 $F_a/F_r \le e$ 时，$P_r = F_r$

当 $F_a/F_r > e$ 时，$P_r = 0.4F_r + Y_2 F_a$

径向当量静载荷

$P_{0r} = 0.5F_r + Y_0 F_a$

当 $P_{0r} < F_r$ 时，取 $P_{0r} = F_r$

附加轴向力

$S \approx F_r/(2Y_1)$

最小径向载荷 $F_{min} = 0.02C_r$

代号含义

E—加强型

X2—宽度（高度）非标准

Y_1	Y_2	e	Y_0
$0.45\cot\alpha$	$0.67\cot\alpha$	$1.5\tan\alpha$	$0.44\cot\alpha$

d	公称尺寸/mm				安装尺寸/mm									其他尺寸/mm			计算系数			基本额定载荷/kN		极限转速/(r/min)		质量/kg	轴承代号
	D	T	B	C	d_a min	d_b min	D_a min	D_a max	D_b min	a_1 min	a_2 min	r_a max	r_b max	a ≈	r min	r_1 min	e	Y	Y_0	C_r	C_{0r}	脂	油	W ≈	30000 型
30	55	17	17	13	36	35	48	49	52	3	4	1	1	13.3	1	1	0.43	1.4	0.8	37.5	46.8	6300	8000	0.170	32006
	55	20	20	16	36	35	48	49	52	3	4	1	1	12.8	1	1	0.29	2.1	1.1	45.8	58.8	6300	8000	0.201	33006
	62	17.25	16	14	36	37	53	56	58	2	3.5	1	1	13.8	1	1	0.37	1.6	0.9	45.2	50.5	6000	7500	0.231	30206
	62	21.25	20	17	36	36	52	56	58	3	4.5	1	1	15.6	1	1	0.37	1.6	0.9	54.2	63.8	6000	7500	0.287	32206
	62	25	25	19.5	36	36	53	56	59	5	5.5	1	1	15.7	1	1	0.34	1.8	1	66.8	75.5	6000	7500	0.342	33206
	72	20.75	19	16	37	40	62	65	66	3	5	1.5	1.5	15.3	1.5	1.5	0.31	1.9	1.1	61.8	63.0	5600	7000	0.387	30306
	72	20.75	19	14	37	37	55	65	68	3	7	1.5	1.5	23.1	1.5	1.5	0.83	0.7	0.4	55	60.5	5600	7000	0.392	31306
	72	28.75	27	23	37	38	59	65	66	4	6	1.5	1.5	18.9	1.5	1.5	0.31	1.9	1.1	85.5	96.5	5600	7000	0.562	32306
35	62	18	18	14	41	40	54	56	59	4	4	1	1	15.1	1	1	0.44	1.4	0.8	45.2	59.2	5600	7000	0.224	32007
	62	21	21	17	41	41	54	56	59	3	4	1	1	13.5	1	1	0.31	2	1.1	49.0	63.2	5600	7000	0.254	33007
	72	18.25	17	15	42	44	62	65	67	3	3.5	1.5	1.5	15.3	1.5	1.5	0.37	1.6	0.9	56.8	63.5	5300	6700	0.331	30207
	72	24.25	23	19	42	42	61	65	68	3	5.5	1.5	1.5	17.9	1.5	1.5	0.37	1.6	0.9	73.8	89.5	5300	6700	0.445	32207
	72	28	28	22	42	42	61	65	68	5	6	1.5	1.5	18.2	1.5	1.5	0.35	1.7	0.9	86.5	102	5300	6700	0.515	33207
	80	22.75	21	18	44	45	70	71	74	3	5	2	2	16.8	2	1.5	0.31	1.9	1.1	78.8	82.5	5000	6300	0.515	30307
	80	22.75	21	15	44	42	62	71	76	4	8	2	2	25.8	2	1.5	0.83	0.7	0.4	69.0	76.8	5000	6300	0.514	31307
	80	32.75	31	25	44	43	66	71	74	4	8.5	2	2	20.4	2	1.5	0.31	1.9	1.1	105	118	5000	6300	0.763	32307

续表

d	D	T	B	C	d_a min	d_b min	D_a min	D_a max	D_b min	a_1 min	a_2 min	r_a max	r_b max	a ≈	r min	r_1 min	e	Y	Y_0	C_r	C_{0r}	脂	油	W ≈ /kg	30000型轴承代号
40	62	15	15	12	45	45	55	57	59	3	3	0.6	0.6	11.1	0.6	0.6	0.29	2.1	1.1	33.0	46.0	5600	7000	0.155	32908
	68	19	19	14.5	46	46	60	62	65	4	4.5	1	1	14.9	1	1	0.38	1.6	0.9	54.2	71.0	5300	6700	0.267	32008
	68	22	22	18	46	46	60	62	64	4	4	1	1	14.1	1.5	1	0.28	2.1	1.2	63.0	79.5	5300	6700	0.306	33008
	75	26	26	20.5	47	47	65	68	71	3	5.5	1.5	1.5	18.0	1.5	1.5	0.36	1.7	0.9	88.8	110	5000	6300	0.496	33108
	80	19.75	18	16	47	49	69	73	75	3	5.5	1.5	1.5	16.9	1.5	1.5	0.37	1.6	0.9	66.0	74.0	5000	6300	0.422	30208
	80	24.75	23	19	47	48	68	73	75	3	6	1.5	1.5	18.9	1.5	1.5	0.37	1.6	0.9	81.5	97.2	5000	6300	0.532	32208
	80	32	32	25	47	47	67	73	76	3	7	1.5	1.5	20.8	2	1.5	0.36	1.7	0.9	110.0	135	5000	6300	0.715	33208
	90	25.25	23	20	49	52	77	81	84	4	5.5	2	1.5	19.5	2	1.5	0.35	1.7	1	95.2	108	4500	5600	0.747	30308
	90	25.25	23	17	49	48	71	81	87	4	8.5	2	1.5	29.0	2	1.5	0.83	0.7	0.4	85.5	96.5	4500	5600	0.727	31308
	90	35.25	33	27	49	49	73	81	83	4	8.5	2	1.5	23.3	2	1.5	0.35	1.7	1	120	148	4500	5600	1.04	32308
45	68	15	15	12	50	50	61	63	65	3	3	0.6	0.6	12.2	0.6	0.6	0.32	1.9	1	33.5	48.5	5300	6700	0.180	32909
	75	20	20	15.5	51	51	67	69	72	4	4.5	1	1	16.5	1	1	0.39	1.5	0.8	61.2	81.5	5000	6300	0.337	32009
	75	24	24	19	51	51	67	69	72	4	5	1	1	15.9	1.5	1	0.32	1.9	1	76.0	100	5000	6300	0.398	33009
	80	26	26	20.5	52	52	69	73	77	4	5.5	1.5	1.5	19.1	1.5	1.5	0.38	1.6	1	91.2	118	4500	5600	0.535	33109
	85	20.75	19	16	52	53	74	78	80	3	5	1.5	1.5	18.6	1.5	1.5	0.4	1.5	0.8	71.0	83.5	4500	5600	0.474	30209
	85	24.75	23	19	52	53	73	78	81	3	6	1.5	1.5	20.1	1.5	1.5	0.4	1.5	0.8	84.5	105	4500	5600	0.573	32209
	85	32	32	25	52	52	72	78	81	5	7	1.5	1.5	21.9	1.5	1.5	0.39	1.5	0.9	115.0	145	4500	5600	0.771	33209
	100	27.25	25	22	54	59	86	91	94	3	5.5	2	1.5	21.3	2	1.5	0.35	1.7	1	113.0	130	4000	5000	0.984	30309
	100	27.25	25	18	54	54	79	91	96	4	9.5	2.0	1.5	31.7	2	1.5	0.83	0.7	0.4	100	115	4000	5000	0.944	31309
	100	38.25	36	30	54	56	82	91	93	4	8.5	2.0	1.5	25.6	2	1.5	0.35	1.7	1	152	188	4000	5000	1.40	32309
50	72	15	15	12	55	55	64	67	69	3	3	0.6	0.6	13.0	0.6	0.6	0.34	1.8	1	38.5	56.0	5000	6300	0.181	32910
	80	20	20	15.5	56	56	72	74	77	4	4.5	1	1	17.8	1	1	0.42	1.4	0.8	64.0	89.0	4500	5600	0.366	32010
	80	24	24	19	56	56	72	74	76	4	5	1	1	17.0	1.5	1	0.32	1.9	1	80.5	110	4500	5600	0.433	33010
	85	26	26	20	57	56	74	78	82	4	6	1.5	1.5	20.4	1.5	1.5	0.41	1.5	0.8	93.5	125	4300	5300	0.572	33110
	90	21.75	20	17	57	58	79	83	86	3	5	1.5	1.5	20.0	1.5	1.5	0.42	1.4	0.8	76.8	92.0	4300	5300	0.529	30210
	90	24.75	23	19	57	57	78	83	86	3	6	1.5	1.5	21.0	1.5	1.5	0.42	1.4	0.8	86.8	108	4300	5300	0.626	32210
	90	32	32	24.5	57	57	77	83	87	5	7.5	1.5	1.5	23.2	1.5	1.5	0.41	1.5	0.8	118	155	4300	5300	0.825	33210
	110	29.25	27	23	60	65	95	100	103	4	6.5	2	2	23.0	2.5	1.5	0.35	1.7	1	135	158	3800	4800	1.28	30310
	110	29.25	27	19	60	58	87	100	105	4	10.5	2	2	34.8	2.5	2	0.83	0.7	0.4	113	128	3800	4800	1.21	31310
	110	42.25	40	33	60	61	90	100	102	5	9.5	2	2	28.2	2.5	2	0.35	1.7	1	185	235	3800	4800	1.89	32310

续表

d	D	T	B	C	d_a min	d_b min	D_a min	D_a max	D_b min	a_1 min	a_2 min	r_a max	r_b max	a ≈	r min	r_1 min	e	Y	Y_0	C_r	C_{0r}	脂	油	W ≈	30000型
55	80	17	17	14	61	60	71	74	77	3	3	1	1	14.3	1	1	0.31	1.9	1.1	43.5	66.8	4800	6000	0.262	32911
	90	23	23	17.5	62	63	81	83	86	4	5.5	1.5	1.5	19.8	1.5	1.5	0.41	1.5	0.8	84.0	118	4000	5000	0.551	32011
	90	27	27	21	62	63	81	83	86	5	6	1.5	1.5	19.0	1.5	1.5	0.31	1.9	1.1	99.2	145	4000	5000	0.651	33011
	95	30	30	23	62	62	83	88	91	5	7	1.5	1.5	21.9	1.5	1.5	0.37	1.6	0.9	120	165	3800	4800	0.843	33111
	100	22.75	21	18	64	64	88	91	95	4	5	2	1.5	21.0	2	1.5	0.4	1.5	0.8	95.2	115	3800	4800	0.713	30211
	100	26.75	25	21	64	62	87	91	96	4	6	2	1.5	22.8	2	1.5	0.4	1.5	0.8	112	142	3800	4800	0.853	32211
	100	35	35	27	64	62	85	91	96	6	8	2	1.5	25.1	2	1.5	0.4	1.5	0.8	148	198	3800	4800	1.15	33211
	120	31.5	29	25	65	70	104	110	112	4	6.5	2.5	2	24.9	2.5	2	0.35	1.7	1	160	188	3400	4300	1.63	30311
	120	31.5	29	21	65	63	94	110	114	4	10.5	2.5	2	37.5	2.5	2	0.83	0.7	0.4	135	158	3400	4300	1.56	31311
	120	45.5	43	35	65	66	99	110	111	5	10	2.5	2	30.4	2.5	2	0.35	1.7	1	212	270	3400	4300	2.37	32311
60	85	17	17	14	66	65	75	79	82	3	3	1	1	15.1	1	1	0.33	1.8	1	48.2	73.0	4000	5000	0.279	32912
	95	23	23	17.5	67	67	85	88	91	4	5.5	1.5	1.5	20.9	1.5	1.5	0.43	1.4	0.8	85.8	122	3800	4800	0.584	32012
	95	27	27	21	67	67	85	88	90	5	6	1.5	1.5	19.8	1.5	1.5	0.33	1.8	1	102	150	3800	4800	0.691	33012
	100	30	30	23	67	67	88	93	96	5	7	1.5	1.5	23.1	1.5	1.5	0.4	1.5	0.8	125	172	3600	4500	0.895	33112
	110	23.75	22	19	69	69	96	101	103	4	5	2	2	22.3	2	1.5	0.4	1.5	0.8	108	130	3600	4500	0.904	30212
	110	29.75	28	24	69	68	95	101	105	4	6	2	1.5	25.0	2	1.5	0.4	1.5	0.8	138	180	3600	4500	1.17	32212
	110	38	38	29	69	69	93	101	105	6	9	2	1.5	27.5	2	1.5	0.4	1.5	0.8	172	230	3600	4500	1.51	33212
	130	33.5	31	26	72	76	112	118	121	5	7.5	2.5	2.1	26.6	3	2.5	0.35	1.7	1	178	210	3200	4000	1.99	30312
	130	33.5	31	22	72	69	103	118	124	5	11.5	2.5	2.1	40.4	3	2.5	0.83	0.7	0.4	152	178	3200	4000	1.90	31312
	130	48.5	46	37	72	72	107	118	122	6	11.5	2.5	2.1	32.0	3	2.5	0.35	1.7	1	238	302	3200	4000	2.90	32312
65	90	17	17	14	71	70	80	84	87	3	3	1	1	16.2	1	1	0.35	1.7	0.9	47.5	73.2	3800	4800	0.295	32913
	100	23	23	17.5	72	72	90	93	97	4	5.5	1.5	1.5	22.4	1.5	1.5	0.46	1.3	0.7	86.8	128	3600	4500	0.620	32013
	100	27	27	21	72	72	89	93	96	5	6	1.5	1.5	20.9	1.5	1.5	0.35	1.7	1	102	158	3600	4500	0.732	33013
	110	34	34	26.5	72	73	96	103	106	6	7.5	1.5	1.5	26.0	1.5	1.5	0.39	1.6	0.9	148	220	3400	4300	1.30	33113
	120	24.75	23	20	74	77	106	111	114	4	5	2	1.5	23.8	2	1.5	0.4	1.5	0.8	125	152	3200	4000	1.13	30213
	120	32.75	31	27	74	75	104	111	115	4	6	2	1.5	27.3	2	1.5	0.4	1.5	0.8	168	222	3200	4000	1.55	32213
	120	41	41	32	74	74	102	111	115	6	9	2	1.5	29.5	2	1.5	0.39	1.5	0.9	212	282	3200	4000	1.99	33213
	140	36	33	28	77	83	122	128	131	5	8	2.5	2.1	28.7	3	2.5	0.35	1.7	1	205	242	2800	3600	2.44	30313
	140	36	33	23	77	75	111	128	134	5	13	2.5	2.1	44.2	3	2.5	0.83	0.7	0.4	172	202	2800	3600	2.37	31313
	140	51	48	39	77	79	117	128	131	6	12	2.5	2.1	34.3	3	2.5	0.35	1.7	1	272	350	2800	3600	3.51	32313

续表

d	D	T	B	C	d_a min	d_b min	D_a min	D_a max	D_b min	a_1 min	a_2 min	r_a max	r_b max	a ≈	r min	r_1 min	e	Y	Y_0	C_r	C_{0r}	脂	油	W ≈	轴承代号 30000型
70	100	20	20	16	76	76	90	94	96	4	4	1	1	17.6	1	1	0.32	1.9	1	74.2	115	3600	4500	0.471	32914
	110	25	25	19	77	78	98	103	105	5	6	1.5	1.5	23.8	1.5	1.5	0.43	1.4	0.8	110	160	3400	4300	0.839	32014
	110	31	31	25.5	77	79	99	103	105	5	5.5	1.5	1.5	22.0	1.5	1.5	0.28	2	1	142	220	3400	4300	1.07	33014
	120	37	37	29	79	79	104	111	115	6	8	2	1.5	28.2	2	1.5	0.39	1.5	1.2	180	268	3200	4000	1.70	33114
	125	26.25	24	21	79	81	110	116	119	4	5.5	2	1.5	25.8	2	1.5	0.42	1.4	0.8	138	175	3000	3800	1.26	30214
	125	33.25	31	27	79	79	108	116	120	7	6.5	2	1.5	28.8	2	1.5	0.42	1.4	0.8	175	238	3000	3800	1.64	32214
	125	41	41	32	79	79	107	116	120	5	9	2	1.5	30.7	2	1.5	0.41	1.5	0.8	218	298	3000	3800	2.10	33214
	150	38	35	30	82	89	130	138	141	5	8	2.5	2.1	30.7	3	2.5	0.35	1.7	1	228	272	2600	3400	2.98	30314
	150	38	35	25	82	80	118	138	143	5	13	2.5	2.1	46.8	3	2.5	0.83	0.7	0.4	198	230	2600	3400	2.86	31314
	150	54	51	42	82	84	125	138	141	6	12	2.5	2.1	36.5	3	2.5	0.35	1.7	1	312	408	2600	3400	4.34	32314
75	105	20	20	16	81	81	94	99	102	4	4	1	1	18.5	1	1	0.33	1.8	1	82.0	125	3400	4300	0.490	32915
	115	25	25	19	82	83	103	108	110	5	6	1.5	1.5	25.2	1.5	1.5	0.46	1.3	0.7	108	160	3200	4000	0.875	32015
	115	31	31	25.5	82	83	103	108	110	6	5.5	1.5	1.5	22.8	1.5	1.5	0.3	2	1	138	220	3200	4000	1.12	33015
	125	37	37	29	84	84	109	116	120	6	8	2	1.5	29.4	2	1.5	0.4	1.5	0.8	182	280	3000	3800	1.78	33115
	130	27.25	25	22	84	85	115	121	125	4	5.5	2	1.5	27.4	2	1.5	0.44	1.4	0.8	145	185	2800	3600	1.36	30215
	130	33.25	31	27	84	84	115	121	126	7	6.5	2	1.5	30.0	2	1.5	0.44	1.4	0.8	178	242	2800	3600	1.74	32215
	130	41	41	31	84	83	111	121	125	7	10	2	1.5	31.9	2	1.5	0.43	1.4	0.8	218	300	2800	3600	2.17	33215
	160	40	37	31	87	95	139	148	150	5	9	2.5	2.1	32.0	3	2.5	0.35	1.7	1	265	318	2400	3200	3.57	30315
	160	40	37	26	87	86	127	148	153	6	14	2.5	2.1	49.7	3	2.5	0.83	0.7	0.4	218	258	2400	3200	3.38	31315
	160	58	55	45	87	91	133	148	150	7	13	2.5	2.1	39.4	3	2.5	0.35	1.7	1	365	482	2400	3200	5.37	32315
80	110	20	20	16	86	85	99	104	107	4	4	1	1	19.6	1	1	0.35	1.7	0.9	83.0	128	3200	4000	0.514	32916
	125	29	29	22	87	89	112	117	120	6	7	1.5	1.5	26.8	1.5	1.5	0.42	1.4	0.8	148	220	3000	3800	1.27	32016
	125	36	36	29.5	87	90	112	117	119	6	7	1.5	1.5	25.2	1.5	1.5	0.28	2.2	1.2	190	305	3000	3800	1.63	33016
	130	37	37	29	89	89	114	121	126	6	8	2	1.5	30.7	2	1.5	0.42	1.4	0.8	188	292	2800	3600	1.87	33116
	140	28.25	26	22	90	90	124	130	133	4	6	2.1	2	28.1	2.5	2	0.42	1.4	0.8	168	212	2600	3400	1.67	30216
	140	35.25	33	28	90	89	122	130	135	5	7.5	2.1	2	31.4	2.5	2	0.42	1.4	0.8	208	278	2600	3400	2.13	32216
	140	46	46	35	90	89	119	130	135	7	11	2.1	2	35.1	2.5	2	0.43	1.4	0.8	258	362	2600	3400	2.83	33216
	170	42.5	39	33	92	102	148	158	160	5	9.5	2.5	2.1	34.4	3	2.5	0.35	1.7	1	292	352	2200	3000	4.27	30316
	170	42.5	39	27	92	91	134	158	161	6	15.5	2.5	2.1	52.8	3	2.5	0.83	0.7	0.4	242	288	2200	3000	4.05	31316
	170	61.5	58	48	92	97	142	158	160	7	13.5	2.5	2.1	42.1	3	2.5	0.35	1.7	1	408	542	2200	3000	6.38	32316

Note: 公称尺寸/mm (d, D, T, B, C); 安装尺寸/mm (d_a min, d_b min, D_a min, D_a max, D_b min, a_1 min, a_2 min, r_a max, r_b max); 其他尺寸/mm (a, r min, r_1 min); 计算系数 (e, Y, Y_0); 基本额定载荷/kN (C_r, C_{0r}); 极限转速/(r/min) (脂, 油); 质量/kg (W).

续表

公称尺寸/mm					安装尺寸/mm									其他尺寸/mm			计算系数			基本额定载荷/kN		极限转速/(r/min)		质量/kg	轴承代号
d	D	T	B	C	d_a min	d_b min	D_a min	D_a max	D_b min	a_1 min	a_2 min	r_a max	r_b max	a ≈	r min	r_1 min	e	Y	Y_0	C_r	C_{0r}	脂	油	W ≈	30000 型
85	120	23	23	18	92	92	111	113	115	4	5	1.5	1.5	21.1	1.5	1.5	0.33	1.8	1	102	165	3400	3800	0.767	32917
	130	29	29	22	92	94	117	122	125	6	7	1.5	1.5	28.1	1.5	1.5	0.44	1.4	0.8	148	220	2800	3600	1.32	32017
	130	36	36	29.5	92	94	118	122	125	6	6.5	1.5	1.5	26.2	1.5	1.5	0.29	2.1	1.1	188	305	2800	3600	1.69	33017
	140	41	41	32	95	95	122	130	135	7	9	2.1	2	33.1	2.5	2	0.41	1.5	0.8	225	355	2600	3400	2.43	33117
	150	30.5	28	24	95	96	132	140	142	5	6.5	2.1	2	30.3	2.5	2	0.42	1.4	0.8	185	238	2400	3200	2.06	30217
	150	38.5	36	30	95	95	130	140	143	5	8.5	2.1	2	33.9	2.5	2	0.42	1.4	0.8	238	325	2400	3200	2.68	32217
	150	49	49	37	95	95	128	140	144	7	12	2.1	2	36.9	2.5	2	0.42	1.4	0.8	295	415	2400	3200	3.52	33217
	180	44.5	41	34	99	107	156	166	168	6	10.5	3	2.5	35.9	4	3	0.35	1.7	1	320	388	2000	2800	4.96	30317
	180	44.5	41	28	99	96	143	166	171	6	16.5	3	2.5	55.6	4	3	0.83	0.7	0.4	268	318	2000	2800	4.69	31317
	180	63.5	60	49	99	102	150	166	168	8	14.5	3	2.5	43.5	4	3	0.35	1.7	1	442	592	2000	2800	7.31	32317
90	125	23	23	18	97	96	113	117	121	4	5	1.5	1.5	22.2	1.5	1.5	0.34	1.8	1	100	165	3200	3600	0.796	32918
	140	32	32	24	99	100	125	131	134	6	8	2	1.5	30.0	2	1.5	0.42	1.4	0.8	178	270	2600	3400	1.72	32018
	140	39	39	32.5	99	100	127	131	135	7	6.5	2	1.5	27.2	2	1.5	0.27	2.2	1.2	242	388	2600	3400	2.20	33018
	150	45	45	35	100	100	130	140	144	7	10	2.1	2	34.9	2.5	2	0.4	1.5	0.8	265	415	2400	3200	3.13	33118
	160	32.5	30	26	100	102	140	150	151	5	6.5	2.1	2	32.3	2.5	2	0.42	1.4	0.8	210	270	2200	3000	2.54	30218
	160	42.5	40	34	100	101	138	150	153	5	8.5	2.1	2	36.8	2.5	2	0.42	1.4	0.8	282	395	2200	3000	3.44	32218
	160	55	55	42	100	100	134	150	154	8	13	2.1	2	40.8	2.5	2	0.4	1.5	0.8	345	500	2200	3000	4.55	33218
	190	46.5	43	36	104	113	165	176	178	6	10.5	3	2.5	37.5	4	3	0.35	1.7	1	358	440	1900	2600	5.80	30318
	190	46.5	43	30	104	102	151	176	181	6	16.5	3	2.5	58.5	4	3	0.83	0.7	0.4	295	358	1900	2600	5.46	31318
	190	67.5	64	53	104	107	157	176	178	8	14.5	3	2.5	46.2	4	3	0.35	1.7	1	502	682	1900	2600	8.81	32318
95	130	23	23	18	102	101	117	122	126	4	5	1.5	1.5	23.4	1.5	1.5	0.36	1.7	0.9	102	170	2600	3400	0.831	32919
	145	32	32	24	104	105	130	136	140	6	8	2	2	31.4	2	1.5	0.44	1.4	0.8	185	280	2400	3200	1.79	32109
	145	39	39	32.5	104	104	131	136	139	7	6.5	2	2	28.4	2	1.5	0.28	2.2	1.2	240	390	2400	3200	2.26	33019
	160	49	49	38	105	105	138	150	154	7	11	2.1	2	37.3	2.5	2.5	0.39	1.5	0.8	312	498	2200	3000	3.94	33119
	170	34.5	32	27	107	108	149	158	160	5	7.5	2.5	2.1	34.2	3	2.5	0.42	1.4	0.8	238	308	2000	2800	3.04	30219
	170	45.5	43	37	107	106	145	158	163	5	8.5	2.5	2.1	39.2	3	2.5	0.42	1.4	0.8	318	448	2000	2800	4.24	32219
	170	58	58	44	107	105	144	158	163	9	14	2.5	2.1	42.7	3	2.5	0.41	1.5	0.8	395	568	2000	2800	5.48	33219
	200	49.5	45	38	109	118	172	186	185	6	11.5	3	2.5	40.1	4	3	0.35	1.7	1	388	478	1800	2400	6.80	30319
	200	49.5	45	32	109	107	157	186	189	6	17.5	3	2.5	61.2	4	3	0.83	0.7	0.4	325	400	1800	2400	6.46	31319
	200	71.5	67	55	109	114	166	186	187	8	16.5	3	2.5	49.0	4	3	0.35	1.7	1	540	738	1800	2400	10.1	32319

续表

d	公称尺寸/mm D	公称尺寸/mm T	公称尺寸/mm B	公称尺寸/mm C	安装尺寸/mm d_a min	安装尺寸/mm d_b min	安装尺寸/mm D_a min	安装尺寸/mm D_a max	安装尺寸/mm D_b min	安装尺寸/mm a_1 min	安装尺寸/mm a_2 min	其他尺寸/mm r_a max	其他尺寸/mm r_b max	其他尺寸/mm a ≈	其他尺寸/mm r min	其他尺寸/mm r_1 min	计算系数 e	计算系数 Y	计算系数 Y_0	基本额定载荷/kN C_r	基本额定载荷/kN C_{0r}	极限转速/(r/min) 脂	极限转速/(r/min) 油	质量/kg W ≈	轴承代号 30000型
100	140	25	25	20	107	108	128	132	136	4	5	1.5	1.5	24.3	1.5	1.5	0.33	1.8	1	135	218	2400	3200	1.12	32920
	150	32	32	24	109	109	134	141	144	6	8	2	1.5	32.8	2	1.5	0.46	1.3	0.7	180	282	2200	3000	1.85	32020
	150	39	39	32.5	109	108	135	141	143	7	6.5	2	1.5	29.1	2	1.5	0.29	2.1	1.2	240	390	2200	3000	2.33	33020
	165	52	52	40	110	110	142	155	159	8	12	2.1	2	40.3	2.5	2	0.41	1.5	0.8	322	528	2000	2800	4.31	33120
	180	37	34	29	112	114	157	168	169	5	8	2.5	2.1	36.4	3	2.5	0.42	1.4	0.8	268	350	1900	2600	3.72	30220
	180	49	46	39	112	113	154	168	172	5	10	2.5	2.1	41.9	3	2.5	0.42	1.4	0.8	355	512	1900	2600	5.10	32220
	180	63	63	48	112	112	151	168	172	10	15	2.5	2.1	45.5	3	2.5	0.4	1.5	0.8	458	665	1900	2600	6.71	33220
	215	51.5	47	39	114	127	184	201	199	6	12.5	3	2.5	42.2	4	3	0.35	1.7	1	425	525	1600	2000	8.22	30320
	215	56.5	51	35	114	115	168	201	204	7	21.5	3	2.5	68.4	4	3	0.83	0.7	0.4	390	488	1600	2000	8.59	31320
	215	77.5	73	60	114	122	177	201	201	8	17.5	3	2.5	52.9	4	3	0.35	1.7	1	628	872	1600	2000	13.0	32320
105	145	25	25	20	112	112	132	137	141	5	5	1.5	1.5	25.4	1.5	1.5	0.34	1.8	1	135	225	2200	3000	1.16	32921
	160	35	35	26	115	116	143	150	154	6	9	2.1	2	34.6	2.5	2	0.44	1.4	0.7	215	335	2000	2800	2.40	32021
	160	43	43	34	115	116	145	150	153	7	9	2.1	2	30.8	2.5	2	0.28	2.1	1.2	270	438	2000	2800	2.97	33021
	175	56	56	44	115	115	149	165	170	8	12	2.1	2	42.9	2.5	2	0.4	1.5	0.8	368	608	1900	2600	5.29	33121
	190	39	36	30	117	121	165	178	178	6	9	2.5	2.1	38.5	3	2.5	0.42	1.4	0.8	298	398	1800	2400	4.38	30221
	190	53	50	43	117	118	161	178	182	5	10	2.5	2.1	45.0	3	2.5	0.42	1.4	0.8	398	578	1800	2400	6.26	32221
	190	68	68	52	117	117	159	178	182	12	16	2.5	2.1	48.6	3	2.5	0.4	1.5	0.8	522	770	1800	2400	8.12	33221
	225	53.5	49	41	119	133	193	211	208	7	12.5	3	2.5	43.6	4	3	0.35	1.7	1	452	562	1500	1900	9.38	30321
	225	58	53	36	119	121	176	211	213	7	22	3	2.5	70.0	4	3	0.83	0.7	0.4	418	525	1500	1900	9.58	31321
	225	81.5	77	63	119	128	185	211	210	8	18.5	3	2.5	55.1	4	3	0.35	1.7	1	678	945	1500	1900	14.8	32321

表 E-3　深沟球轴承（摘自 GB/T 276—2013）

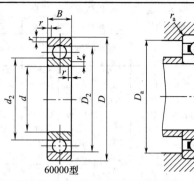
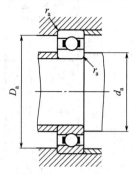

60000型

径向当量动载荷

当 $F_a/F_r \leqslant e$ 时，$P_r = F_r$

当 $F_a/F_r > e$ 时，$P_r = 0.56F_r + YF_a$

径向当量静载荷

当 $P_{0r} < F_r$ 时，$P_{0r} = F_r$

当 $P_{0r} \geqslant F_r$ 时，$P_{0r} = 0.6F_r + 0.5F_a$

公称尺寸/mm			安装尺寸/mm			其他尺寸/mm			基本额定载荷/kN		极限转速/(r/min)		质量/kg	轴承代号
d	D	B	d_a min	D_a max	r_a max	d_2 ≈	D_2 ≈	r min	C_r	C_{0r}	脂	油	W ≈	60000 型
30	42	7	32.4	40	0.3	33.2	38.8	0.3	4.70	3.60	13000	17000	0.019	61806
	47	9	32.4	44.6	0.3	35.2	41.8	0.3	7.20	5.00	12000	16000	0.043	61906
	55	9	32.4	52.6	0.3	38.1	47.0	0.3	11.2	7.40	11000	14000	0.084	16006
	55	13	36	50.0	1	38.4	47.7	1	13.2	8.30	11000	14000	0.113	6006
	62	16	36	56	1	40.8	52.2	1	19.5	11.5	9500	13000	0.200	6206
	72	19	37	65	1	44.8	59.2	1.1	27.0	15.2	9000	11000	0.349	6306
	90	23	39	81	1.5	48.6	71.4	1.5	47.5	24.5	8000	10000	0.710	6406
35	47	7	37.4	45	0.3	38.2	43.8	0.3	4.90	4.00	11000	15000	0.023	61807
	55	10	40	51	0.6	41.1	48.9	0.6	9.50	6.80	10000	13000	0.078	61907
	62	9	37.4	59.6	0.3	44.6	53.5	0.3	12.2	8.80	9500	12000	0.107	16007
	62	14	41	56	1	43.3	53.7	1	16.2	10.5	9500	12000	0.148	6007
	72	17	42	65	1	46.8	60.2	1.1	25.5	15.2	8500	11000	0.288	6207
	80	21	44	71	1.5	50.4	66.6	1.5	33.4	19.2	8000	9500	0.455	6307
	100	25	44	91	1.5	54.9	80.1	1.5	56.8	29.5	6700	8500	0.926	6407
40	52	7	42.4	50	0.3	43.2	48.8	0.3	5.10	4.40	10000	13000	0.026	61808
	62	12	45	58	0.6	46.3	55.7	0.6	13.7	9.90	9500	12000	0.103	61908
	68	9	42.4	65.6	0.3	49.6	58.5	0.3	12.6	9.60	9000	11000	0.125	16008
	68	15	46	62	1	48.8	59.2	1	17.0	11.8	9000	11000	0.185	6008
	80	18	47	73	1	52.8	67.2	1.1	29.5	18.0	8000	10000	0.368	6208
	90	23	49	81	1.5	56.5	74.6	1.5	40.8	24.0	7000	8500	0.639	6308
	110	27	50	100	2	63.9	89.1	2	65.5	37.5	6300	8000	1.221	6408
45	58	7	47.4	56	0.3	48.3	54.7	0.3	6.40	5.60	9000	12000	0.030	61809
	68	12	50	63	0.6	51.8	61.2	0.6	14.1	10.90	8500	11000	0.123	61909
	75	10	50	70	0.6	55.0	65.0	0.6	15.6	12.2	8000	10000	0.155	16009
	75	16	51	69	1	54.2	65.9	1	21.0	14.8	8000	10000	0.230	6009
	85	19	52	78	1	58.8	73.2	1.1	31.5	20.5	7000	9000	0.416	6209
	100	25	54	91	1.5	63.0	84.0	1.5	52.8	31.8	6300	7500	0.837	6309
	120	29	55	110	2	70.7	98.3	2	77.5	45.5	5600	7000	1.520	6409
50	65	7	52.4	62.6	0.3	54.3	60.7	0.3	6.6	6.1	8500	10000	0.043	61810
	72	12	55	68	0.6	56.3	65.7	0.6	14.5	11.7	8000	9500	0.122	61910
	80	10	55	75	0.6	60.0	70 0	0.6	16.1	13.1	8000	9500	0.166	16010
	80	16	56	74	1	59.2	70.9	1	22.0	16.2	7000	9000	0.250	6010
	90	20	57	83	1	62.4	77.6	1.1	35.0	23.2	6700	8500	0.463	6210
	110	27	60	100	2	69.1	91.9	2	61.8	38.0	6000	7000	1.082	6310
	130	31	62	118	2.1	77.3	107.8	2.1	92.2	55.2	5300	6300	1.855	6410

续表

公称尺寸/mm			安装尺寸/mm			其他尺寸/mm			基本额定载荷/kN		极限转速/(r/min)		质量/kg	轴承代号
d	D	B	d_a min	D_a max	r_a max	d_2 ≈	D_2 ≈	r min	C_r	C_{0r}	脂	油	W ≈	60000 型
55	72	9	57.4	69.6	0.3	60.2	66.9	0.3	9.1	8.4	8000	9500	0.070	61811
	80	13	61	75	1	62.9	72.2	1	15.9	13.2	7500	9000	0.170	61911
	90	11	60	85	0.6	67.3	77.7	0.6	19.4	16.2	7000	8500	0.207	16011
	90	18	62	83	1	65.4	79.7	1.1	30.2	21.8	7000	8500	0.362	6011
	100	21	64	91	1.5	68.9	86.1	1.5	43.2	29.2	6000	7500	0.603	6211
	120	29	65	110	2	76.1	100.9	2	71.5	44.8	5600	6700	1.367	6311
	140	33	67	128	2.1	82.8	115.2	2.1	100	62.5	4800	6000	2.316	6411
60	78	10	62.4	75.6	0.3	66.2	72.9	0.3	9.1	8.7	7000	8500	0.093	61812
	85	13	66	80	1	67.9	77.2	1	16.4	14.2	6700	8000	0.181	61912
	95	11	65	90	0.6	72.3	82.7	0.6	19.9	17.5	6300	7500	0.224	16012
	95	18	67	89	1	71.4	85.7	1.1	31.5	24.2	6300	7500	0.385	6012
	110	22	69	101	1.5	76.0	94.1	1.5	47.8	32.8	5600	7000	0.789	6212
	130	31	72	118	2.1	81.7	108.4	2.1	81.8	51.8	5000	6000	1.710	6312
	150	35	72	138	2.1	87.9	122.2	2.1	109	70.0	4500	5600	2.811	6412
65	85	10	69	81	0.6	71.1	78.9	0.6	11.9	11.5	6700	8000	0.13	61813
	90	13	71	85	1	72.9	82.2	1	17.4	16.0	6300	7500	0.196	61913
	100	11	70	95	0.6	77.3	87.7	0.6	20.5	18.6	6000	7000	0.241	16013
	100	18	72	93	1	75.3	89.7	1.1	32.0	24.8	6000	7000	0.410	6013
	120	23	74	111	1.5	82.5	102.5	1.5	57.2	40.0	5000	6300	0.990	6213
	140	33	77	128	2.1	88.1	116.9	2.1	93.8	60.5	4500	5300	2.100	6313
	160	37	77	148	2.1	94.5	130.6	2.1	118	78.5	4300	5300	3.342	6413
70	90	10	74	86	0.6	76.1	83.9	0.6	12.1	11.9	6300	7500	0.138	61814
	100	16	76	95	1	79.3	90.7	1	23.7	21.1	6000	7000	0.336	61914
	110	13	75	105	0.6	83.8	96.2	0.6	27.9	25.0	5600	6700	0.386	16014
	110	20	77	103	1	82.0	98.0	1.1	38.5	30.5	5600	6700	0.575	6014
	125	24	79	116	1.5	89.0	109.0	1.5	60.8	45.0	4800	6000	1.084	6214
	150	35	82	138	2.1	94.8	125.3	2.1	105	68.0	4300	5000	2.550	6314
	180	42	84	166	2.5	105.6	146.4	3	140	99.5	3800	4500	4.896	6414
75	95	10	79	91	0.6	81.1	88.9	0.6	12.5	12.8	6000	7000	0.147	61815
	105	16	81	100	1	84.3	95.7	1	24.3	22.5	5600	6700	0.355	61915
	115	13	80	110	0.6	88.8	101.2	0.6	28.7	26.8	5300	6300	0.411	16015
	115	20	82	108	1	88.0	104.0	1.1	40.2	33.2	5300	6300	0.603	6015
	130	25	84	121	1.5	94.0	115.0	1.5	66.0	49.5	4500	5600	1.171	6215
	160	37	87	148	2.1	101.3	133.7	2.1	113	76.8	4000	4800	3.050	6315
	190	45	89	176	2.5	112.1	155.9	3	154	115	3600	4300	5.739	6415
80	100	10	84	96	0.6	86.1	93.9	0.6	12.7	13.3	5600	6700	0.155	61816
	110	16	86	105	1	89.3	100.7	1	24.9	23.9	5300	6300	0.375	61916
	125	14	85	120	0.6	95.8	109.2	0.6	33.1	31.4	5000	6000	0.539	16016
	125	22	87	118	1	95.2	112.8	1.1	47.5	39.8	5000	6000	0.821	6016
	140	26	90	130	2	100.0	122.0	2	71.5	54.2	4300	5300	1.448	6216
	170	39	92	158	2.1	107.9	142.2	2.1	123	86.5	3800	4500	3.610	6316
	200	48	94	186	2.5	117.1	162.9	3	163	125	3400	4000	6.752	6416
85	110	13	90	105	1	92.5	102.5	1	19.2	19.8	5000	6300	0.245	61817
	120	18	92	113.5	1	95.8	109.2	1.1	31.9	29.7	4800	6000	0.507	61917
	130	14	90	125	0.6	100.8	114.2	0.6	34	33.3	4500	5600	0.568	16017
	130	22	92	123	1	99.4	117.6	1.1	50.8	42.8	4500	5600	0.848	6017
	150	28	95	140	2	107.1	130.9	2	83.2	63.8	4000	5000	1.803	6217
	180	41	99	166	2.5	114.4	150.6	3	132	96.5	3600	4300	4.284	6317
	210	52	103	192	3	123.5	171.5	4	175	138	3200	3800	7.933	6417

续表

公称尺寸/mm			安装尺寸/mm			其他尺寸/mm			基本额定载荷/kN		极限转速/(r/min)		质量/kg	轴承代号
d	D	B	d_a	D_a	r_a	d_2	D_2	r	C_r	C_{0r}	脂	油	W	60000 型
			min	max	max	≈	≈	min					≈	
90	115	13	95	110	1	97.5	107.5	1	19.5	20.5	4800	6000	0.258	61818
	125	18	97	118.5	1	100.8	114.2	1.1	32.8	31.5	4500	5600	0.533	61918
	140	16	96	134	1	107.3	122.8	1	41.5	39.3	4300	5300	0.671	16018
	140	24	99	131	1.5	107.2	126.8	1.5	58.0	49.8	4300	5300	1.10	6018
	160	30	100	150	2	111.7	138.4	2	95.8	71.5	3800	4800	2.17	6218
	190	43	104	176	2.5	120.8	159.2	3	145	108	3400	4000	4.97	6318
	225	54	108	207	3	131.8	183.2	4	192	158	2800	3600	9.56	6418
95	120	13	100	115	1	102.5	112.5	1	19.8	21.3	4500	5600	0.27	61819
	130	18	102	124	1	105.8	119.2	1.1	33.7	33.3	4300	5300	0.56	61919
	145	16	101	139	1	112.3	127.8	1	42.7	41.9	4000	5000	0.71	16019
	145	24	104	136	1.5	110.2	129.8	1.5	57.8	50.0	4000	5000	1.15	6019
	170	32	107	158	2.1	118.1	146.9	2.1	110	82.8	3600	4500	2.62	6219
	200	45	109	186	2.5	127.1	167.9	3	157	122	3200	3800	5.74	6319
100	125	13	105	120	1	107.5	117.5	1	20.1	22.0	4300	5300	0.28	61820
	140	20	107	133	1	112.3	127.8	1.1	42.7	41.9	4000	5000	0.77	61920
	150	16	106	144	1	118.3	133.8	1	43.8	44.3	3800	4800	0.74	16020
	150	24	109	141	1.5	114.6	135.4	1.5	64.5	56.2	3800	4800	1.18	6020
	180	34	112	168	2.1	124.8	155.3	2.1	122	92.8	3400	4300	3.19	6220
	215	47	114	201	2.5	135.6	179.4	3	173	140	2800	3600	7.09	6320
	250	58	118	232	3	146.4	203.6	4	223	195	2400	3200	12.9	6420
105	130	13	110	125	1	112.5	122.5	1	20.3	22.7	4000	5000	0.30	61821
	145	20	112	138	1	117.3	132.8	1.1	43.9	44.3	3800	4800	0.81	61921
	160	18	111	154	1	123.7	141.3	1	51.8	50.6	3600	4500	1.00	16021
	160	26	115	150	2	121.5	143.6	2	71.8	63.2	3600	4500	1.52	6021
	190	36	117	178	2.1	131.3	163.7	2.1	133	105	3200	4000	3.78	6221
	225	49	119	211	2.5	142.1	187.9	3	184	153	2600	3200	8.05	6321
110	140	16	115	135	1	119.3	130.7	1	28.1	30.7	3800	5000	0.50	61822
	150	20	117	143	1	122.3	137.8	1.1	43.6	44.4	3600	4500	0.84	61922
	170	19	116	164	1	130.7	149.3	1	57.4	56.7	3400	4300	1.27	16022
	170	28	120	160	2	129.1	152.9	2	81.8	72.8	3400	4300	1.89	6022
	200	38	122	188	2.1	138.9	173.2	2.1	144	117	3000	3800	4.42	6222
	240	50	124	226	2.5	150.2	199.8	3	205	178	2400	3000	9.53	6322
	280	65	128	262	3	163.6	226.5	4	225	238	2000	2800	18.34	6422
120	150	16	125	145	1	129.3	140.7	1	28.9	32.9	3400	4300	0.54	61824
	165	22	127	158	1	133.7	151.3	1.1	55.0	56.9	3200	4000	1.13	61924
	180	19	126	174	1	140.7	159.3	1	58.8	60.4	3000	3800	1.374	16024
	180	28	130	170	2	137.7	162.4	2	87.5	79.2	3000	3800	1.99	6024
	215	40	132	203	2.1	149.4	185.6	2.1	155	131	2600	3400	5.30	6224
	260	55	134	246	2.5	163.3	216.7	3	228	208	2200	2800	12.2	6324
130	165	18	137	158	1	140.8	154.2	1.1	37.9	42.9	3200	4000	0.736	61826
	180	24	139	171	1.5	145.2	164.8	1.5	65.1	67.2	3000	3800	1.496	61926
	200	22	137	193	1	153.6	176.4	1.1	79.7	79.2	2800	3600	1.868	16026
	200	33	140	190	2	151.4	178.7	2	105	96.8	2800	3600	3.08	6026
	230	40	144	216	2.5	162.9	199.1	3	165	148.0	2400	3200	6.12	6226
	280	58	148	262	3	176.2	233.8	4	253	242	2000	2600	14.77	6326

续表

公称尺寸/mm			安装尺寸/mm			其他尺寸/mm			基本额定载荷/kN		极限转速/(r/min)		质量/kg	轴承代号
d	D	B	d_a min	D_a max	r_a max	d_2 ≈	D_2 ≈	r min	C_r	C_{0r}	脂	油	W ≈	60000型
140	175	18	147	168	1	150.8	164.2	1.1	38.2	44.3	3000	3800	0.784	61828
	190	24	149	181	1.5	155.2	174.8	1.5	66.6	71.2	2800	3600	1.589	61928
	210	22	147	203	1	163.6	186.4	1.1	82.1	85	2400	3200	2.00	16028
	210	33	150	200	2	160.6	189.5	2	116	108	2400	3200	3.17	6028
	250	42	154	236	2.5	175.8	214.2	3	179	167	2000	2800	7.77	6228
	300	62	158	282	3	189.5	250.5	3	275	272	1900	2400	18.33	6328
150	190	20	157	183	1	162.3	177.8	1.1	49.1	57.1	2800	3400	1.114	61830
	210	28	160	180	2	168.6	191.4	2	84.7	90.2	2600	3200	2.454	61930
	225	24	157	218	1	175.6	199.4	1.1	91.9	98.5	2200	3000	2.638	16030
	225	35	162	213	2.1	172.0	203.0	2.1	132	125	2200	3000	3.903	6030
	270	45	164	256	2.5	189.0	231.0	3	203	199	1900	2600	9.78	6230
	320	65	168	302	3	203.6	266.5	4	288	295	1700	2200	21.87	6330
160	200	20	167	193	1	172.3	187.8	1.1	49.6	59.1	2600	3200	1.176	61832
	220	28	170	190	2	178.6	201.4	2	86.9	95.5	2400	3000	2.589	61932
	240	25	169	231	1.5	187.6	212.4	1.5	98.7	107	2000	2800	2.835	16032
	240	38	172	228	2.1	183.8	216.3	2.1	145	138	2000	2800	4.83	6032
	290	48	174	276	2.5	203.1	246.9	3	215	218	1800	2400	12.22	6232
	340	68	178	322	3	221.6	284.5	4	313	340	1600	2000	26.43	6332
170	215	22	177	208	1	183.7	201.3	1.1	61.5	73.3	2200	3000	1.545	61834
	230	28	180	220	2	188.6	211.4	2	88.8	100	2000	2800	2.725	61934
	260	28	179	251	1.5	201.4	228.7	1.5	118	130	1900	2600	4.157	16034
	260	42	182	248	2.1	196.8	233.2	2.1	170	170	1900	2600	6.50	6034
	310	52	188	292	3	216.0	264.0	4	245	260	1700	2200	15.241	6234
	360	72	188	342	4	237.0	303.0	4	335	378	1500	1900	31.14	6334
180	225	22	187	218	1	193.7	211.3	1.1	62.3	75.9	2000	2800	1.621	61836
	250	33	190	240	2	201.6	228.5	2	118	133	1900	2600	4.062	61936
	280	31	190	270	2	214.5	245.5	2	144	157	1800	2400	5.135	16036
	280	46	192	268	2.1	212.4	251.6	2.1	188	198	1800	2400	8.51	6036
	320	52	198	302	3	227.5	277.9	4	262	285	1600	2000	15.518	6236

表 E-4　单向推力球轴承（摘自 GB/T 301—2015）

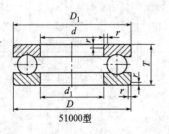

51000型

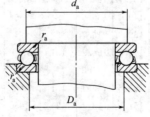

轴向当量动载荷

$$P_a = F_a$$

轴向当量静载荷

$$P_{0a} = F_a$$

最小轴向载荷

$$F_{amin} = A\left(\frac{n}{1000}\right)^2$$

式中　n——转速(r/min)

续表

公称尺寸/mm			安装尺寸/mm			其他尺寸/mm			基本额定载荷/kN		最小载荷常数	极限转速/(r/min)		质量/kg	轴承代号
d	D	T	d_a min	D_a max	r_a max	d_1 min	D_1 max	r min	C_a	C_{0a}	A	脂	油	W ≈	51000 型
30	47	11	40	37	0.6	32	47	0.6	16.0	34.2	0.007	4000	5600	0.062	51106
	52	16	43	39	0.6	32	52	0.6	28.0	54.2	0.016	3200	4500	0.13	51206
	60	21	48	42	1	32	60	1	42.8	78.5	0.033	2400	3600	0.26	51306
	70	28	54	46	1	32	70	1	72.5	125	0.082	1900	3000	0.51	51406
35	52	12	45	42	0.6	37	52	0.6	18.2	41.5	0.010	3800	5300	0.077	51107
	62	18	51	46	1	37	62	1	39.2	78.2	0.033	2800	4000	0.21	51207
	68	24	55	48	1	37	68	1	55.2	105	0.059	2000	3200	0.37	51307
	80	32	62	53	1	37	80	1.1	86.8	155	0.13	1700	2600	0.76	51407
40	60	13	52	48	0.6	42	60	0.6	26.8	62.8	0.021	3400	4800	0.11	51108
	68	19	57	51	1	42	68	1	47.0	98.2	0.050	2400	3600	0.26	51208
	78	26	63	55	1	42	78	1	69.2	135	0.096	1900	3000	0.53	51308
	90	36	70	60	1	42	90	1.1	112	205	0.22	1500	2200	1.06	51408
45	65	14	57	53	0.6	47	65	0.6	27.0	66.0	0.024	3200	4500	0.14	51109
	73	20	62	56	1	47	73	1	47.8	105	0.059	2200	3400	0.30	51209
	85	28	69	61	1	47	85	1	75.8	150	0.13	1700	2600	0.66	51309
	100	39	78	67	1	47	100	1.1	140	262	0.36	1400	2000	1.41	51409
50	70	14	62	58	0.6	52	70	0.6	27.2	69.2	0.027	3000	4300	0.15	51110
	78	22	67	61	1	52	78	1	48.5	112	0.068	2000	3200	0.37	51210
	95	31	77	68	1	52	95	1.1	96.5	202	0.21	1600	2400	0.92	51310
	110	43	86	74	1.5	52	110	1.5	160	302	0.50	1300	1900	1.86	51410
55	78	16	69	64	0.6	57	78	0.6	33.8	89.2	0.043	2800	4000	0.22	51111
	90	25	76	69	1	57	90	1	67.5	158	0.13	1900	3000	0.58	51211
	105	35	85	75	1	57	105	1.1	115	242	0.31	1500	2200	1.28	51311
	120	48	94	81	1.5	57	120	1.5	182	355	0.68	1100	1700	2.51	51411
60	85	17	75	70	1	62	85	1	40.2	108	0.063	2600	3800	0.27	51112
	95	26	81	74	1	62	95	1	73.5	178	0.16	1800	2800	0.66	51212
	110	35	90	80	1	62	110	1.1	118	262	0.35	1400	2000	1.37	51312
	130	51	102	88	1.5	62	130	1.5	200	395	0.88	1000	1600	3.08	51412
65	90	18	80	75	1	67	90	1	40.5	112	0.07	2400	3600	0.31	51113
	100	27	86	79	1	67	100	1	74.8	188	0.18	1700	2600	0.72	51213
	115	36	95	85	1	67	115	1.1	115	262	0.38	1300	1900	1.48	51313
	140	56	110	95	2	68	140	2	215	448	1.14	900	1400	3.91	51413
70	95	18	85	80	1	72	95	1	40.8	115	0.078	2200	3400	0.33	51114
	105	27	91	84	1	72	105	1	73.5	188	0.19	1600	2400	0.75	51214
	125	40	103	92	1	72	125	1.1	148	340	0.60	1200	1800	1.98	51314
	150	60	118	102	2	73	150	2	255	560	1.71	850	1300	4.85	51414
75	100	19	90	85	1	77	100	1	48.2	140	0.11	2000	3200	0.38	51115
	110	27	96	89	1	77	110	1	74.8	198	0.21	1500	2200	0.82	51215
	135	44	111	99	1.5	77	135	1.5	162	380	0.77	1100	1700	2.58	51315
	160	65	125	110	2	78	160	2	268	615	2.00	800	1200	6.08	51415

公称尺寸/mm			安装尺寸/mm			其他尺寸/mm			基本额定载荷/kN		最小载荷常数	极限转速/(r/min)		质量/kg	轴承代号
d	D	T	d_a min	D_a max	r_a max	d_1 min	D_1 max	r min	C_a	C_{0a}	A	脂	油	$W \approx$	51000 型
80	105	19	95	90	1	82	105	1	48.5	145	0.12	1900	3000	0.40	51116
	115	28	101	94	1	82	115	1	83.8	222	0.27	1400	2000	0.90	51216
	140	44	116	104	1.5	82	140	1.5	160	380	0.81	1000	1600	2.69	51316
	170	68	133	117	2.1	83	170	2.1	292	692	2.55	750	1100	7.12	51416
85	110	19	100	95	1	87	110	1	49.2	150	0.13	1800	2800	0.42	51117
	125	31	109	101	1	88	125	1	102	280	0.41	1300	1900	1.21	51217
	150	49	124	111	1.5	88	150	1.5	208	495	1.28	950	1500	3.47	51317
	180	72	141	124	2.1	88	177	2.1	318	782	3.24	700	1000	8.28	51417
90	120	22	108	102	1	92	120	1	65.0	200	0.21	1700	2600	0.65	51118
	135	35	117	108	1	93	135	1.1	115	315	0.52	1200	1800	1.65	51218
	155	50	129	116	1.5	93	155	1.5	205	495	1.34	900	1400	3.69	51318
	190	77	149	131	2.1	93	187	2.1	325	825	3.71	670	950	9.86	51418
100	135	25	121	114	1	102	135	1	85.0	268	0.37	1600	2400	0.95	51120
	150	38	130	120	1	103	150	1.1	132	375	0.75	1100	1700	2.21	51220
	170	55	142	128	1.5	103	170	1.5	235	595	1.88	800	1200	4.86	51320
	210	85	165	145	2.5	103	205	3	400	1080	6.17	600	850	13.3	51420
110	145	25	131	124	1	112	145	1	87.0	288	0.43	1500	2200	1.03	51122
	160	38	140	130	1	113	160	1.1	138	412	0.89	1000	1600	2.39	51222
	190	63	158	142	2	113	187	2	278	755	2.97	700	1100	7.05	51322
	230	95	181	159	2.5	113	225	3	490	1390	10.4	530	750	20.0	51422
120	155	25	141	134	1	122	155	1	87.0	298	0.48	1400	2000	1.10	51124
	170	39	150	140	1	123	170	1.1	135	412	0.96	950	1500	2.62	51224
	210	70	173	157	2.1	123	205	2.1	330	945	4.58	670	950	9.54	51324
	250	102	196	174	3	123	245	4	412	1220	12.4	480	670	25.5	51424
130	170	30	154	146	1	132	170	1	108	375	0.74	1300	1900	1.70	51126
	190	45	166	154	1.5	133	187	1.5	188	575	1.75	900	1400	3.93	51226
	225	75	186	169	2.1	134	220	2.1	358	1070	5.91	600	850	11.7	51326
	270	110	212	188	3	134	265	3	630	2010	21.1	430	600	32.0	51426
140	180	31	164	156	1	142	178	1	110	402	0.84	1200	1800	1.85	51128
	200	46	176	164	1.5	143	197	1.5	190	598	1.96	850	1300	4.27	51228
	240	80	199	181	2.1	144	235	2.1	395	1230	7.84	560	800	14.1	51328
	280	112	222	198	3	144	275	4	630	2010	22.2	400	560	32.2	51428
150	190	31	174	166	1	152	188	1	110	415	0.93	1100	1700	1.95	51130
	215	50	189	176	1.5	153	212	1.5	242	768	3.06	800	1200	5.52	51230
	250	80	209	191	2.1	154	245	2.1	405	1310	8.80	530	750	14.9	51330
	300	120	238	212	3	154	295	4	670	2240	27.9	380	530	38.2	51430
160	200	31	184	176	1	162	198	1	110	428	1.01	1000	1600	2.06	51132
	225	51	199	186	1.5	163	222	1.5	240	768	3.23	750	1100	5.91	51232
	270	87	225	205	2.5	164	265	3	470	1570	12.8	500	700	18.9	51332

E.2 Y系列封闭式（IP44）三相异步电动机（摘自 JB/T 10391—2008）

表 E-5　Y 系列（IP44）三相异步电动机技术数据

型号	额定功率/kW	满载时				堵转电流/额定电流	堵转转矩/额定转矩	最大转矩/额定转矩	噪声/dB(A)		飞轮力矩/(N·m²)	质量/kg
		转速/(r/min)	电流/A	效率/%	功率因素cosφ				1级	2级		
Y801-2	0.75	2830	1.81	75	0.84	6.5			66	71	0.0075	17
Y802-2	1.1		2.52	77	0.86						0.0090	18
Y90S-2	1.5	2840	3.44	78	0.85		2.2		70	75	0.012	22
Y90L-2	2.2		4.74	80.5	0.86						0.014	25
Y100L-2	3.0	2880	6.39	82	0.87				74	79	0.029	34
Y112M-2	4.0	2890	8.17	85.5				2.3			0.055	45
Y132S1-2	5.5	2900	11.1		7.0				78	83	0.109	67
Y132S2-2	7.5		15.0	86.2	0.88						0.126	72
Y160M1-2	11	2930	21.8	87.2			2.0		82	87	0.377	115
Y160M2-2	15		29.4	88.2							0.449	125
Y160L-2	18.5		35.5	89	0.89						0.550	147
Y180M-2	22	2940	42.2						87	92	0.75	173
Y801-4	0.55	1390	1.51	73	0.76	6.0	2.4		56	67	0.018	17
Y802-4	0.75		2.01	74.5							0.021	17
Y90S-4	1.1	1400	2.75	78	0.78	6.5	2.3		61		0.021	25
Y90L-4	1.5		3.65	79	0.79	11			62		0.027	26
Y100L1-4	2.2	1430	5.03	81	0.82			2.3	65	70	0.054	34
Y100L2-4	3.0		6.82	82.5	0.81						0.067	35
Y112M-4	4.0		8.77	84.5	0.82		2.2		68	74	0.095	47
Y132S-4	5.5	1440	11.6	85.5	0.84	7.0			70	78	0.214	68
Y132M-4	7.5		15.4	87	0.85				71		0.296	79
Y160M-4	11	1460	22.6	88	0.84				75	82	0.747	122
Y160L-4	15		30.3	88.5	0.85						0.918	142
Y180M-4	18.5	1470	35.9	91	0.86				77		1.39	174
Y180L-4	22		42.5	91.5							1.58	192
Y90S-6	0.75	910	2.3	72.5	0.70	5.5		2.2	56	65	0.029	23
Y90L-6	1.1		3.2	73.5	0.72						0.035	25
Y100L-6	1.5	940	4	77.5	0.74	6.0			62	67	0.069	33
Y112M-6	2.2		5.0	80.5			2.0				0.138	45
Y132S-6	3.0		7.23	83	0.76						0.286	63
Y132M1-6	4.0	960	9.40	84	0.77				66	71	0.357	73
Y132M2-6	5.5		12.6	85.3							0.449	84
Y160M-6	7.5		17.0	86	0.78	6.5			69	75	0.881	119
Y160L-6	11		24.6	87					70		1.16	147
Y180L-6	15	970	31.4	89.5	0.81		2.0			78	2.07	195
Y200L1-6	18.5		37.7	89.8	0.83				73		3.15	220
Y200L2-6	22		44.6	90.2			1.8				3.60	250

表 E-6　Y 系列 (IP44) 三相异步电动机 B35 型安装尺寸及外形尺寸

mm

机座号 80~132　机座号 160~315　机座号 355

机座号 80~200　机座号 225~315　机座号 355

安装尺寸及公差（公称尺寸，mm）：

机座号	凸缘号	极数	A	A/2	B	C	D	E	F	G	H	K	M	N	P	R	S	T	凸缘孔数	AB	AC	AD	HD	L
80M	FF165	2,4	125	62.5	100	50	19	40	6	15.5	80	10	165	130	200	0	12	3.5	4	165	175	150	175	290
90S	FF165	2,4,6	140	70	100	56	24	50	8	20	90	10	165	130	200	0	12	3.5	4	180	195	160	195	315
90L	FF165	2,4,6	140	70	125	56	24	50	8	20	90	10	165	130	200	0	12	3.5	4	180	195	160	195	340
100L	FF215	2,4,6	160	80	125	63	28	60	8	24	100	12	215	180	250	0	14.5	4	4	205	215	180	245	380
112M	FF215	2,4,6	190	95	140	70	28	60	8	24	112	12	215	180	250	0	14.5	4	4	245	240	190	265	400
132S	FF265	2,4,6	216	108	140	89	38	80	10	33	132	12	265	230	300	0	14.5	4	4	245	275	210	315	475
132M	FF265	2,4,6	216	108	178	89	38	80	10	33	132	12	265	230	300	0	14.5	4	4	280	275	210	315	515
160M	FF300	2,4,6,8	254	127	210	108	42	110	12	37	160	14.5	300	250	350	0	18.5	5	4	330	335	265	385	605
160L	FF300	2,4,6,8	254	127	254	108	42	110	12	37	160	14.5	300	250	350	0	18.5	5	4	330	335	265	385	650
180M	FF300	2,4,6,8	279	139.5	241	121	48	110	14	42.5	180	14.5	300	250	350	0	18.5	5	4	355	380	285	430	670
180L	FF300	2,4,6,8	279	139.5	279	121	48	110	14	42.5	180	14.5	300	250	350	0	18.5	5	4	355	380	285	430	710
200L	FF350	2,4,6,8	318	159	305	133	55	110	16	49	200	18.5	350	300	400	0	18.5	5	4	395	420	315	475	775
225S	FF400	4,8	356	178	286	149	60	140	18	53	225	18.5	400	350	450	0	18.5	5	8	435	475	345	530	820
225M	FF400	2 / 4,6,8	356	178	311	149	55 / 60	110 / 140	16 / 18	49 / 53	225	18.5	400	350	450	0	18.5	5	8	435	475	345	530	815 / 845
250M	FF500	2 / 4,6,8	406	203	349	168	65	140	18	58	250	24	500	450	550	0	18.5	5	8	490	515	385	575	930

极限偏差及位置度公差（摘要）：

- D：+0.009/−0.004（80M）；+0.018/+0.002（160~180）；+0.030/+0.011（200~250）
- E：±0.31；±0.37；±0.43；±0.50
- F：0/−0.030；0/−0.036；0/−0.043
- G：0/−0.10；0/−0.20；0/−0.043
- H：0/−0.5
- K：+0.36/0；+0.43/0；+0.52/0；位置度公差 φ1.0(M)、φ1.2(M)、φ2.0(M)
- M：位置度公差 φ1.0(M)、φ1.2(M)、φ2.0(M)
- N：+0.014/−0.011；+0.016/−0.013；+0.016/0；±0.018；±0.020
- R：±1.5；±2.0；±3.0；±4.0
- S：+0.43/0；+0.52/0；位置度公差 φ1.0(M)、φ1.2(M)
- T：0/−0.12

续表

机座号	凸缘号	极数	A	A/2	B	C	D	E	F	G①	H	K②	M	N	P③	R④	S②	T	凸缘孔数	AB	AC	AD	HD	L
280S	FF500	2	457	228.5	368	190 (±4.0)	65 (+0.030/+0.011)	140 (±0.50)	18 (0/−0.043)	58 (0/−0.20)	280 (0/−1.0)	24 (+0.52/0; φ2.0 Ⓜ)	500	450 (±0.020)	550	0 (±4.0)	18.5 (+0.52/0)	5 (0/−0.12; φ1.2 Ⓜ)	8	580	580	410	640	1000
280S	FF500	4, 6, 8	457	228.5	368	190 (±4.0)	75 (+0.030/+0.011)	170 (±0.50)	20 (0/−0.052)	67.5 (0/−0.20)	280 (0/−1.0)	24 (+0.52/0; φ2.0 Ⓜ)	500	450 (±0.020)	550	0 (±4.0)	18.5 (+0.52/0)	5 (0/−0.12; φ1.2 Ⓜ)	8	580	580	410	640	1000
280M	FF500	2	457	228.5	419	190 (±4.0)	65 (+0.030/+0.011)	140 (±0.50)	18 (0/−0.043)	58 (0/−0.20)	280 (0/−1.0)	24 (+0.52/0; φ2.0 Ⓜ)	500	450 (±0.020)	550	0 (±4.0)	18.5 (+0.52/0)	5 (0/−0.12; φ1.2 Ⓜ)	8	580	580	410	640	1050
280M	FF500	4, 6, 8	457	228.5	419	190 (±4.0)	75 (+0.030/+0.011)	170 (±0.50)	20 (0/−0.052)	67.5 (0/−0.20)	280 (0/−1.0)	24 (+0.52/0; φ2.0 Ⓜ)	500	450 (±0.020)	550	0 (±4.0)	18.5 (+0.52/0)	5 (0/−0.12; φ1.2 Ⓜ)	8	580	580	410	640	1050
315S	FF600	2	508	254	406	216 (±4.0)	65 (+0.030/+0.011)	140 (±0.50)	18 (0/−0.043)	58 (0/−0.20)	315 (0/−1.0)	28 (+0.52/0; φ2.0 Ⓜ)	600	550 (±0.022)	660	0 (±4.0)	18.5 (+0.52/0)	5 (0/−0.12; φ1.2 Ⓜ)	8	635	645	576	865	1240
315S	FF600	4, 6, 8, 10	508	254	406	216 (±4.0)	80 (+0.030/+0.011)	170 (±0.50)	22 (0/−0.052)	71 (0/−0.20)	315 (0/−1.0)	28 (+0.52/0; φ2.0 Ⓜ)	600	550 (±0.022)	660	0 (±4.0)	18.5 (+0.52/0)	5 (0/−0.12; φ1.2 Ⓜ)	8	635	645	576	865	1270
315M	FF600	2	508	254	457	216 (±4.0)	65 (+0.030/+0.011)	140 (±0.50)	18 (0/−0.043)	58 (0/−0.20)	315 (0/−1.0)	28 (+0.52/0; φ2.0 Ⓜ)	600	550 (±0.022)	660	0 (±4.0)	18.5 (+0.52/0)	5 (0/−0.12; φ1.2 Ⓜ)	8	635	645	576	865	1310
315M	FF600	4, 6, 8, 10	508	254	457	216 (±4.0)	80 (+0.030/+0.011)	170 (±0.50)	22 (0/−0.052)	71 (0/−0.20)	315 (0/−1.0)	28 (+0.52/0; φ2.0 Ⓜ)	600	550 (±0.022)	660	0 (±4.0)	18.5 (+0.52/0)	5 (0/−0.12; φ1.2 Ⓜ)	8	635	645	576	865	1340
315L	FF600	2	508	254	508	216 (±4.0)	65 (+0.030/+0.011)	140 (±0.50)	18 (0/−0.043)	58 (0/−0.20)	315 (0/−1.0)	28 (+0.52/0; φ2.0 Ⓜ)	600	550 (±0.022)	660	0 (±4.0)	18.5 (+0.52/0)	5 (0/−0.12; φ1.2 Ⓜ)	8	635	645	576	865	1310
315L	FF600	4, 6, 8, 10	508	254	508	216 (±4.0)	80 (+0.030/+0.011)	170 (±0.50)	22 (0/−0.052)	71 (0/−0.20)	315 (0/−1.0)	28 (+0.52/0; φ2.0 Ⓜ)	600	550 (±0.022)	660	0 (±4.0)	18.5 (+0.52/0)	5 (0/−0.12; φ1.2 Ⓜ)	8	635	645	576	865	1340
355M	FF740	2	610	305	560	254 (±4.0)	75 (+0.035/+0.013)	140 (±0.50)	20 (0/−0.052)	67.5 (0/−0.20)	355 (0/−1.0)	28 (+0.52/0; φ2.0 Ⓜ)	740	680 (±0.025)	800	0 (±4.0)	24 (+0.52/0)	6 (0/−0.15; φ2.0 Ⓜ)	8	740	750	680	1035	1540
355M	FF740	4, 6, 8, 10	610	305	560	254 (±4.0)	95 (+0.035/+0.013)	170 (±0.57)	25 (0/−0.052)	86 (0/−0.20)	355 (0/−1.0)	28 (+0.52/0; φ2.0 Ⓜ)	740	680 (±0.025)	800	0 (±4.0)	24 (+0.52/0)	6 (0/−0.15; φ2.0 Ⓜ)	8	740	750	680	1035	1570
355L	FF740	2	610	305	630	254 (±4.0)	75 (+0.030/+0.011)	140 (±0.50)	20 (0/−0.052)	67.5 (0/−0.20)	355 (0/−1.0)	28 (+0.52/0; φ2.0 Ⓜ)	740	680 (±0.025)	800	0 (±4.0)	24 (+0.52/0)	6 (0/−0.15; φ2.0 Ⓜ)	8	740	750	680	1035	1540
355L	FF740	4, 6, 8, 10	610	305	630	254 (±4.0)	90 (+0.035/+0.013)	170 (±0.57)	25 (0/−0.052)	86 (0/−0.20)	355 (0/−1.0)	28 (+0.52/0; φ2.0 Ⓜ)	740	680 (±0.025)	800	0 (±4.0)	24 (+0.52/0)	6 (0/−0.15; φ2.0 Ⓜ)	8	740	750	680	1035	1570

注：A、A/2、B、C、D、E、F、G、H、K、M、N、P、R、S、T 为安装尺寸及公差；AB、AC、AD、HD、L 为外形尺寸。

① G=D−GE，GE极限偏差对机座号80为（+0.10/0），其余为（+0.20/0）。

② K、S孔的位置度公差以孔的轴伸的轴线为基准。

③ P尺寸为最大极限值。

④ R为凸缘配合面至轴伸肩的距离。

E.3 机架

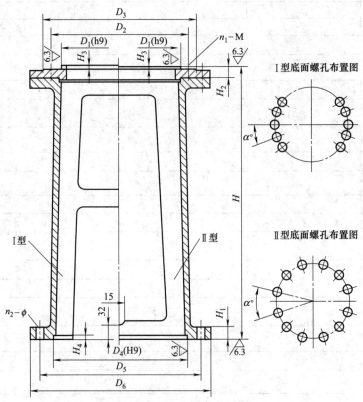

图 E-1 WJ 型无支点机架

表 E-7 WJ 型无支点机架主要尺寸 mm

机架代号	H_1	H_2	H_3	H_4	输 入 端 接 口				输 出 端 接 口					WJ 型	
					D_1	D_2	D_3	n_1-M	D_4	D_5	D_6	α^0	n_2-ϕ	H	质量/kg
WJ30	20	15	4	6	140	160	190	4-M10	240	285	315	I 20	10-ϕ14	450	35
WJ35	24	15	5	6	170	200	230	6-M10	260	320	360	I 20	10-ϕ14	500	45
WJ45	24	15	5	6	200	230	260	6-M10	260	320	360	I 20	10-ϕ14	500	48
WJ55	30	20	6	6	270	310	340	6-M10	325	400	435	30	12-ϕ14	540	75
WJ65	34	20	6	6	316	360	400	8-M14	350	420	460	30	12-ϕ18	600	96
WJ70	34	20	6	6	316	360	400	8-M12	350	420	460	30	12-ϕ18	600	96
WJ80	38	25	6	8	345	390	430	8-M16	380	455	495	30	12-ϕ18	640	130
WJ90	40	25	7	8	400	450	490	12-M16	430	510	555	30	12-ϕ23	660	170
WJ100	40	25	9	10	455	520	580	12-M20	480	560	600	22.5	16-ϕ23	700	206
WJ110	40	30	11	10	520	590	650	12-M20	560	650	700	22.5	16-M27	800	260
WJ130	44	30	11	10	680	800	880	12-M30	720	810	880	18	20-ϕ27	900	320

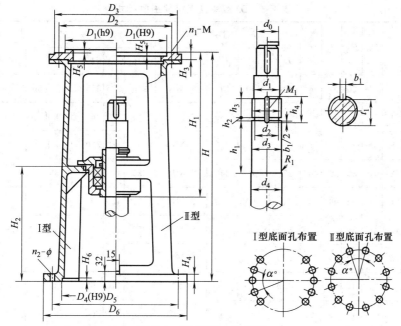

图 E-2　DJ 型单支点机架

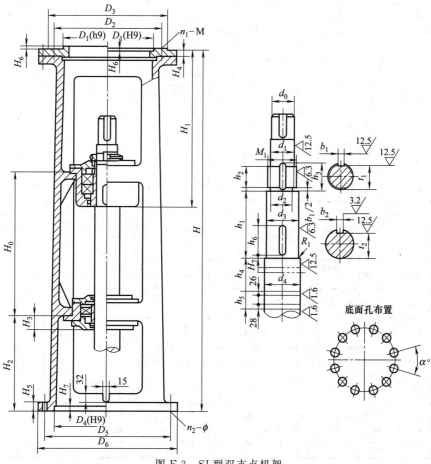

图 E-3　SJ 型双支点机架

表 E-8 DJ 型单支点机架主要尺寸 　　　　　　　　　　　mm

机架代号	H_1	H_3	H_4	H_5	H_6	输入端接口				输出端接口				
						D_1	D_2	D_3	n_1-M	D_4	D_5	D_6	$\alpha°$	n_2-ϕ
DJ30	320	15	20	4	6	140	160	190	4-M10	240	285	315	I 20 II 30	10-φ14 12-φ14
DJ35	334	15	24	5	6	170	200	230	6-M10	260	320	360	I 20 II 30	10-φ14 12-φ14
DJ45	338	15	24	5	6	200	230	260	6-M10	260	320	360	I 20 II 30	10-φ14 12-φ14
DJ55	372	20	30	6	6	270	310	340	6-M10	325	400	435	30	12-φ14
DJ65	447	20	34	6	6	316	360	400	8-M14	350	420	460	30	12-φ18
DJ70	447	20	34	6	6	316	360	400	8-M12	350	420	460	30	12-φ18
DJ80	495	25	38	6	8	345	390	430	8-M16	380	455	495	30	12-φ18
DJ90	519	25	40	7	8	400	450	490	12-M16	430	510	555	30	12-φ23
DJ100	535	25	40	9	10	455	520	580	12-M20	480	560	600	22.5	16-φ23
DJ120	660	30	40	11	10	520	590	650	12-M20	560	650	700	22.5	16-φ27
DJ140	800	45	45	12	10	680	800	880	12-M30	720	810	880	18	20-φ27

机架代号	搅拌轴轴端尺寸													DJ型		
	h_1	h_2	h_3	h_4	d_0	d_1	d_2	M_1	d_3(h8)	d_4	R_1	t_1	b_1	H	H_2	质量/kg
DJ30	103	3	13	22	30	32	32.8	M35×1.5	35	40	1	31	6	550	300	46
DJ35	113	3	15	24	35	42	42.8	M45×1.5	45	50	1	41	6	600	340	78
DJ45	113	3	15	28	45	47	47.8	M50×1.5	50	65	1	46	8	600	340	83
DJ55	118	4	15	28	55	57	57	M60×2	60	65	1	56	8	660	370	150
DJ65	143	4	18	32	65	71	72	M75×2	75	80	1	69	10	720	370	170
DJ70	143	4	18	32	70	71	72	M75×2	75	80	1	69	10	720	370	170
DJ80	163	4	18	32	80	81	82	M85×2	85	90	1.5	79	10	785	405	205
DJ90	168	4	20	36	90	91	92	M95×2	95	110	1.5	89	12	805	405	265
DJ100	178	4	24	42	100	111	112	M115×2	115	125	2	109	14	820	410	345
DJ110	178	4	24	42	110	112	112	M115×2	115	125	2	109	14	1100	560	535
DJ120	178	4	24	42	12	122	122	M125×2	125	140	2	119	14	1100	560	555
DJ130	208	4	28	46	130	135	137	M140×2	140	150	2	132	14	1200	600	725
DJ140	208	4	28	46	140	145	147	M150×2	150	160	2	142	16	1200	600	745

注：DJ30、DJ35、DJ45 三种机架底面为I型和II型（I型不需标注，II型在型号后面注II）。其余机架底面为II型。

表 E-9 SJ 型双支点机架主要尺寸 mm

机架代号	H_0	H_1	H_3	H_4	H_5	H_6	H_7	输入端接口				输出端接口				
								D_1	D_2	D_3	n_1-M	D_4	D_5	D_6	$\alpha°$	n_2-ϕ
SJ55	450	402	46	20	30	6	6	270	310	340	6-M10	325	400	435	30	12-ϕ14
SJ65	450	487	51	20	34	6	6	316	360	400	8-M14	350	420	460	30	12-ϕ18
SJ70	450	487	51	20	34	6	6	316	360	400	8-M12	350	420	460	30	12-ϕ18
SJ80	450	545	56	25	38	6	8	345	390	430	8-M16	380	455	495	30	12-ϕ23
SJ90	600	569	56	25	40	7	8	400	450	490	12-M16	430	510	555	30	12-ϕ23
SJ100	600	685	61	25	40	9	10	455	520	580	12-M20	480	560	600	22.5	16-ϕ23
SJ110 120	600	685	61	25	40	11	10	520	590	650	12-M20	560	650	700	22.5	16-ϕ27
SJ130 140	650	761	66	28	45	11	10	680	800	880	12-M30	720	810	880	18	20-ϕ27

机架代号	搅拌轴轴端尺寸														SJ型		
	h_1	h_2	h_3	h_4	h_5	d_0	d_1	d_2	M_1	d_3(h8)	d	R	b_1	t_1	H	H_2	质量/kg
SJ55	118	15	24	300	120	55	57	57	M60×2	60	65	1	8	56	1070	300	170
SJ65	143	18	32	275	135	65	72	72	M75×2	75	80	1	10	69	1140	300	260
SJ70	143	18	32	275	135	70	72	72	M75×2	75	80	1	10	69	1140	300	260
SJ80	163	18	32	250	139	80	81	82	M85×2	85	90	1.5	10	79	1230	350	370
SJ90	168	20	36	380	162	90	91	92	M95×2	96	110	1.5	12	89	1400	350	370
SJ100	178	24	42	360	182	100	110	112	M115×2	115	125	2	14	109	1510	350	512
SJ110	178	24	42	380	182	110	111	112	M115×2	115	125	2	14	109	1510	350	631
SJ120	178	24	42	380	182	120	122	122	M125×2	125	140	2	14	119	1510	350	641
SJ130	208	28	46	370	200	130	135	137	M140×2	140	150	2	14	132	1610	350	990
SJ140	208	28	46	370	200	140	145	147	M150×2	150	160	2	14	142	1610	350	1020

E.4 联轴器

表 E-10 凸缘联轴器（摘自 GB/T 5843—2003） mm

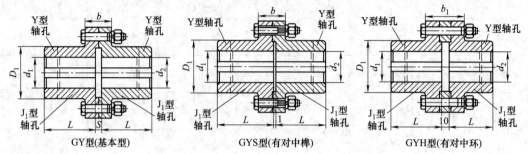

GY型(基本型) GYS型(有对中榫) GYH型(有对中环)

标记示例：

GY4 凸缘联轴器

主动端：J_1 型轴孔，A 型键槽，$d=30$，$L=60$

从动端：J_1 型轴孔，B 型键槽，$d=28$，$L=44$

GY4 联轴器 $\dfrac{J_1 30\times60}{J_1 B28\times44}$ GB/T 5843—2003

型号	公称转矩 T_n/(N·m)	许用转矩 $[n]$ /(r/min)	轴孔直径 d_1、d_2	轴孔长度 L		D	D_1	b	b_1	S	转动惯量 I/(kg·m²)	质量 m/kg
				Y 型	J_1 型							
GY1 GYS1 GYH1	25	12000	12、14	32	27	80	30	26	42	6	0.0008	1.16
			16、18、19	42	30							
GY2 GYS2 GYH2	63	10000	16、18、19	42	30	90	40	28	44	6	0.0015	1.72
			20、22、24	52	38							
			25	62	44							
GY3 GYS3 GYH3	112	9500	20、22、24	52	38	100	45	30	46	6	0.0025	2.38
			25、28	62	44							
GY4 GYS4 GYH4	244	9000	25、28	62	44	105	55	32	48	6	0.003	3.15
			30、32、35	82	60							
GY5 GYS5 GYH5	400	8000	30、32、25、38	82	60	120	68	36	52	8	0.007	5.43
			40、42	112	84							
GY6 GYS6 GYH6	900	6800	38	82	60	140	80	40	56	8	0.015	7.59
			40、42、45、48、50	112	84							
GY7 GYS7 GYH7	1600	6000	48、50、55、56	112	84	160	100	40	56	8	0.031	13.1
			60、63	142	107							
GY8 GYS8 GYH8	3150	4800	60、63、65、70、71、75	142	107	200	130	50	68	10	0.103	27.5
			80	172	132							
GY9 GYS9 GYH9	6300	3600	75	142	107	260	160	66	84	10	0.319	47.8
			80、85、90、95	172	132							
			100	212	167							
GY10 GYS10 GYH10	10000	3200	90、95	172	132	300	200	72	90	10	0.720	82.0
			100、110、120、125	212	167							

注：1. 质量、转动惯量是按 GY 型联轴器 Y/J_1 轴孔组合形式和最小轴孔直径计算的。

2. 使用凸缘联轴器时应具有安全防护装置。

表 E-11　弹性套柱销联轴器（摘自 GB/T 4323—2002）　　　　　　　mm

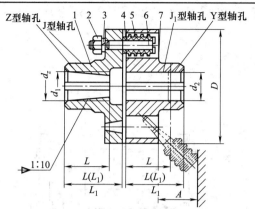

1,7—半联轴器；2—螺母；3—垫圈；4—挡圈；5—弹性套；
6—柱销；$L_1—L_{推荐}$

工作温度：$-20\sim70℃$

标记示例：

LT5 弹性套柱销联轴器

主动端：J_1 型轴孔，A 型键槽，$d=30mm$，$L=50mm$

从动端：J_1 型轴孔，B 型键槽，$d=35mm$，$L=50mm$

LT5 联轴器 $\dfrac{J_1 30\times 50}{J_1 35\times 50}$　GB/T 4323—2002

型号	公称转矩 $T_n/(N\cdot m)$	许用转速 $[n]$ /(r/min)	轴孔直径 d_1,d_2,d_z	轴孔长度				D	A	质量 m/kg	转动惯量 $I/(kg\cdot m^2)$
				Y 型	J,J_1,Z 型		$L_{推荐}$				
				L	L_1	L					
LT1	6.3	8800	9	20	14		25	41	18	0.82	0.0005
			10、11	25	17	—					
			12、14	32	20						
LT2	16	7600	12、14	32	20		35	80		1.20	0.0008
			16、18、19	42	30	42					
LT3	31.5	6300	16、18、19	42	30	42	38	95	35	2.20	0.0023
			20、22	52	38	52					
LT4	63	5700	20、22、24	52	38	52	40	106		2.84	0.0037
			25、28	62	44	62					
LT5	125	4600	25、28	62	44	62	50	130		6.05	0.0120
			30、32、35	82	60	82			45		
LT6	250	3800	32、35、38	82	60	82	55	160		9.57	0.0280
			40、42								
LT7	500	3600	40、42、45、48	112	84	112	65	190		14.01	0.0550
LT8	710	3000	45、48、50、55、56	112	84	112	70	224		23.12	0.1340
			60、63	142	107	142			65		
LT9	1000	2850	50、55、56	112	84	112	80	250		30.69	0.2130
			60、63、65、70、71	142	107	142					
LT10	2000	2300	63、65、70、71、75	142	107	142	100	315	80	61.40	0.6600
			80、85、90、95	172	132	172					
LT11	4000	1800	80、85、90、95	172	132	172	115	400	100	120.70	2.1220

E. 5   填料密封（摘自 HG 21537—1992）

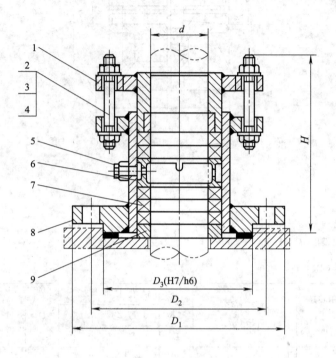

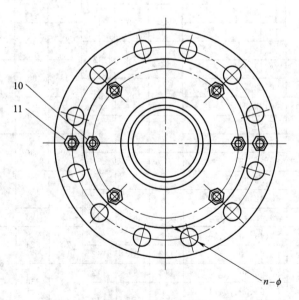

图 E-4   标准填料箱

注：图内标注见表 E-12。

表 E-12   标准填料箱明细表

件 号	名 称	数 量	材 料		备 注
			HG 21537.7	HG 21537.8	
1	压盖	1	20/16Mn	不锈钢/20	
2	双头螺栓	4	6.8 级		GB/T 901—1988
3	螺母	8	6 级		GB/T 6170—2015
4	垫圈	8	140HV		GB/T 97.1—2002
5	油杯 M10×1	1			JB/T 7940.2—1995
6	油环	1	20/16Mn	不锈钢/20	
7	填料	5 或 7			
8	本体	1	20/16Mn	不锈钢/20	
9	底环	1	20/16Mn	不锈钢	
10	螺钉	2	33H 级		GB/T 83—2018
11	螺钉	2	33H 级		GB/T 83—2018

表 E-13   标准填料箱主要尺寸   mm

轴径 d	D_1	D_2	D_3(h6)	H		法兰螺栓孔		填料规格	质量/kg	
				$PN0.6$	$PN1.6$	n	ϕ		$PN0.6$	$PN1.6$
30	175	145	110	147	167	4		10×10	7.7	8.1
40									7.5	7.9
50	240	210	176	156	176		18		15.4	16.3
60				176	202			13×13	16.2	17.3
70									17.1	18.3
80	275	240	204			8			24.1	25.9
90	305	270	234	234	266		22	16×16	30.3	34.5
100									29.8	34

E. 6　机械密封

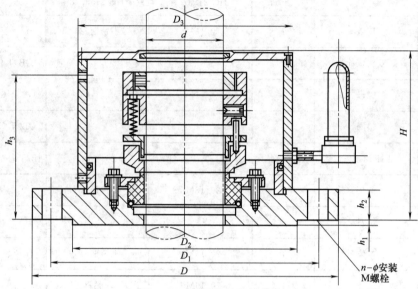

图 E-5　202 型机械密封结构

表 E-14　202 型机械密封主要尺寸　　　　　　　　　　　　　　mm

搅拌轴轴径	d	D	D₁	D₂	D₃	h₁	h₂	h₃	H	n-φ	M
30	30	235	200	164	150	4.5	20	100	160	8-18	16
40	40				160						
50	50	260	225	188	180						
60	60										
65	65				185						
70	70	315	280	245	210		22				
80	80				215						
90	90				230						
95	95	370	335	298	235		24			12-18	
100	100				240						
110	110	435	395	353	260					12-23	20
120	120				270						
130	130	485	445	403	280	5	26				

n-ϕ 安装 M螺栓

E.7　其他常用标准件

表 E-15　普通平键（GB/T 1095—2003、GB/T 1096—2003）　　　　　　　mm

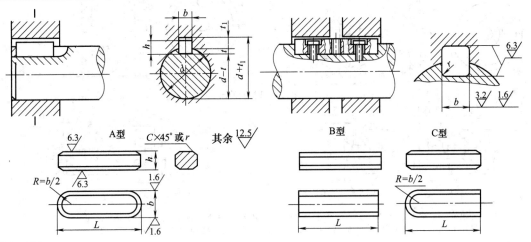

标记示例：

　　键　16×100　　GB/T 1096［圆头普通平键（A 型）、$b=16$mm、$h=10$mm、$L=100$mm］

　　键　B16×100　GB/T 1096［平头普通平键（B 型）、$b=16$mm、$h=10$mm、$L=100$mm］

　　键　C16×100　GB/T 1096［单圆头普通平键（C 型）、$b=16$mm、$h=10$mm、$L=100$mm］

轴	键	键槽											
		宽　度						深　度				半径 r	
		公称尺寸 b	极限偏差					轴 t		毂 t_1			
公称直径 d	公称尺寸 $b×h$		较松键连接		一般键连接		较紧键连接	公称尺寸	极限偏差	公称尺寸	极限偏差		
			轴 H9	毂 D10	轴 N9	毂 Js9	轴和毂 P9					最小	最大
自 6～8	2×2	2	+0.025	+0.060	−0.004	±0.0125	−0.006	1.2	+0.1 0	1	+0.1 0	0.08	0.16
>8～10	3×3	3	0	+0.020	−0.029		−0.031	1.8		1.4			
>10～12	4×4	4	+0.030 0	+0.078 +0.030	0 −0.030	±0.015	−0.012 −0.042	2.5		1.8			
>12～17	5×5	5						3.0		2.3		0.16	0.25
>17～22	6×6	6						3.5		2.8			
>22～30	8×7	8	+0.036 +0.040	+0.098		±0.018	−0.015 −0.051	4.0		3.3		0.16	0.25
>30～38	10×8	10			−0.036			5.0		3.3			
>38～44	12×8	12						5.0		3.3			
>44～50	14×9	14	+0.043 0	+0.120 +0.050	0 −0.043	±0.0215	−0.018 −0.061	5.5	+0.2 0	3.8	+0.2 0	0.25	0.40
>50～58	16×10	16						6.0		4.3			
>58～65	18×11	18						7.0		4.4			
>65～75	20×12	20						7.5		4.9			
>75～85	22×14	22	+0.052 0	+0.149 +0.065	0 −0.052	±0.026	−0.022 −0.074	9.0		5.4		0.40	0.60
>85～95	25×14	25						9.0		5.4			
>95～110	28×16	28						10.0		6.4			
键的长度系列	6,8,10,12,14,16,18,20,22,25,28,32,36,40,45,50,56,63,70,80,90,100,110,125,140,160,180,200,220,250,280,320,360												

注：1. 在工作图中，轴槽深用 t 或（$d−t$）标注，轮毂槽深用（$d+t_1$）标注；

2.（$d−t$）和（$d+t_1$）两组合尺寸的极限偏差按相应的 t 和 t_1 极限偏差选取，但（$d−t$）极限偏差值应取负号（—）；

3. 键尺寸的极限偏差 b 为 h9，h 为 h11，L 为 h14；

4. 平键常用材料为 45 钢。

表 E-16 轴端挡圈 mm

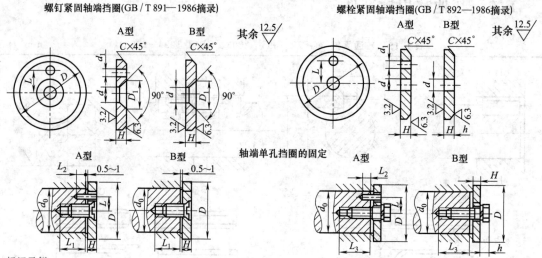

标记示例:

挡圈 GB/T 891 45(公称直径 $D=45$mm、材料为 Q235-A、不经表面处理的 A 型螺钉紧固轴端挡圈)

挡圈 GB/T 891 B45(公称直径 $D=45$mm、材料为 Q235-A、不经表面处理的 B 型螺钉紧固轴端挡圈)

轴径 d_0 ≤	公称直径 D	H	L	d	d_1	C	GB/T 891			GB/T 892			安装尺寸(参考)			
							D_1	螺钉 GB/T 819 (推荐)	圆柱销 GB/T 119 (推荐)	螺栓 GB/T 5783 (推荐)	圆柱销 GB/T 119 (推荐)	垫圈 GB/T 93 (推荐)	L_1	L_2	L_3	h
14	20	4	—	5.5	2.1	0.5	11	M5×12	A2×10	M5×16	A2×10	5	14	6	16	5.1
16	22		—													
18	25		—													
20	28		7.5													
22	30															
25	32	5		6.6	3.2	1	13	M6×16	A3×12	M6×20	A3×12	6	18	7	20	6
28	35		10													
30	38															
32	40		12													
35	45															
40	50															
45	55	6	16	9	4.2	1.5	17	M8×20	A4×14	M8×25	A4×14	8	22	8	24	8
50	60															
55	65															
60	70		20													
65	75															
70	80															
75	90	8	25	13	5.2	2	25	M12×25	A5×16	M12×30	A5×16	12	26	10	28	11.5
85	100															

注: 1. 当挡圈装在带螺纹孔轴端时,紧固用螺钉螺栓允许加长;

2. 材料为 Q235-A, 35 钢, 45 钢;

3. "轴端单孔挡圈的固定" 不属 GB/T 891—1986、GB/T 892—1986,仅供参考。

表 E-17 旋转轴唇形密封圈的型式、代号和基本尺寸 (摘自 GB/T 13871.1—2007) mm

内包骨架		外露骨架		装配式	
无副唇	有副唇	无副唇	有副唇	无副唇	有副唇
B 型	FB 型	W 型	FW 型	Z 型	FZ 型

续表

标记符号是由骨架油封型式代号、基本内径、基本外径及标准号组成,例:

唇形密封圈(F)B 025 040 GB/T 13871.1—2007	唇形密封圈(F)W 075 100 GB/T 13871.1—2007	唇形密封圈(F)Z 120 150 GB/T 13871.1—2007

基本尺寸

d_1	D	b	d_1	D	b	d_1	D	b	d_1	D	b	d_1	D	b
6	16		20	40		35	52		60	85	8	140	170	
6	22		(20)	45		35	55		65	85		150	180	
7	22		22	35		38	52		65	90		160	190	
8	22		22	40		38	58		70	90		170	200	
8	24		22	47		38	62		70	95		180	210	
9	22		25	40		40	55		75	95	10	190	220	15
10	22		25	47	7	(40)	60		75	100		200	230	
10	25		25	52		40	62		80	100		220	250	
12	24		28	40		42	55		80	110		240	270	
12	25	7	28	47		42	62	8	85	110		(250)	290	
12	30		28	52		45	62		85	120		260	300	
15	26		30	42		45	65		(90)	115		280	320	
15	30		30	47		50	68		90	120		300	340	
15	35		(30)	50		(50)	70		95	120		320	360	20
16	30		30	52		50	72		100	125	12	340	380	
(16)	35		32	45		55	72		(105)	130		360	400	
18	30		32	47	8	(55)	75		110	140		380	420	
18	35		32	52		55	80		120	150		400	440	
20	35		35	50		60	80		130	160				

表 E-18 旋转轴唇形密封圈的安装要求 (摘自 GB/T 13871.1—2007)　　mm

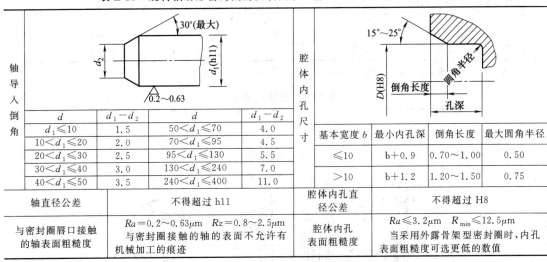

轴导入倒角				
	d	d_1-d_2	d	d_1-d_2
	$d_1\leqslant10$	1.5	$50<d_1\leqslant70$	4.0
	$10<d_1\leqslant20$	2.0	$70<d_1\leqslant95$	4.5
	$20<d_1\leqslant30$	2.5	$95<d_1\leqslant130$	5.5
	$30<d_1\leqslant40$	3.0	$130<d_1\leqslant240$	7.0
	$40<d_1\leqslant50$	3.5	$240<d_1\leqslant400$	11.0

轴直径公差	不得超过 h11
与密封圈唇口接触的轴表面粗糙度	$Ra=0.2\sim0.63\mu m$　$Rz=0.8\sim2.5\mu m$ 与密封圈接触的轴的表面不允许有机械加工的痕迹

腔体内孔尺寸			
基本宽度 b	最小内孔深	倒角长度	最大圆角半径
$\leqslant10$	b+0.9	0.70~1.00	0.50
>10	b+1.2	1.20~1.50	0.75

腔体内孔直径公差	不得超过 H8
腔体内孔表面粗糙度	$Ra\leqslant3.2\mu m$　$R_{min}\leqslant12.5\mu m$ 当采用外露骨架型密封圈时,内孔表面粗糙度可选更低的数值

表 E-19 毡圈油封和沟槽尺寸　　mm

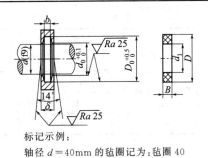

标记示例:

轴径 $d=40$mm 的毡圈记为:毡圈 40

续表

公称轴径 d	毡圈 D	d_1	B	质量/kg	沟槽 D_0	d_0	b	δ_{min} 用于钢	δ_{min} 用于铸铁
15	29	14	6	0.0010	28	16	5	10	12
20	33	19		0.0012	32	21			
25	39	24	7	0.0018	38	26	6	12	15
30	45	29		0.0023	44	31			
35	49	34		0.0023	48	36			
40	53	39		0.0026	52	41			
45	61	44	8	0.0040	60	46	7		
50	69	49		0.0054	68	51			
55	74	53		0.0060	72	56			
60	80	58		0.0069	78	61			
65	84	63		0.0070	82	66			
70	90	68		0.0079	88	71			
75	94	73		0.0080	92	77			
80	102	78	9	0.011	100	82			
85	107	83		0.012	105	87			
90	112	88		0.012	110	92			
95	117	93	10	0.014	115	97	8	15	18
100	122	98		0.015	120	102			
105	127	103		0.016	125	107			
110	132	108		0.017	130	112			
115	137	113		0.018	135	117			

公称轴径 d	毡圈 D	d_1	B	质量/kg	沟槽 D_0	d_0	b	δ_{min} 用于钢	δ_{min} 用于铸铁
120	142	118	10	0.018	140	122	8	15	18
125	147	123		0.018	145	127			
130	152	128	12	0.030	150	132	10	18	20
135	157	133		0.030	155	137			
140	162	138		0.032	160	143			
145	167	143		0.033	165	148			
150	172	148		0.034	170	153			
155	177	153		0.035	175	158			
160	182	158		0.035	180	163			
165	187	163		0.037	185	168			
170	192	168		0.038	190	173			
175	197	173		0.038	195	178			
180	202	178		0.038	200	183			
185	207	183		0.039	205	188			
190	212	188		0.039	210	193			
195	217	193		0.041	215	198	12	20	22
200	222	198		0.042	220	203			
210	232	208	14	0.044	230	213			
220	242	213		0.046	240	223			
230	252	223		0.048	250	233			
240	262	238		0.051	260	243			

注：粗毛毡适用于速度 $v \le 3\text{m/s}$，优质细毛毡适用于 $v \le 10\text{m/s}$。

表 E-20　凸缘式轴承盖　　　　mm

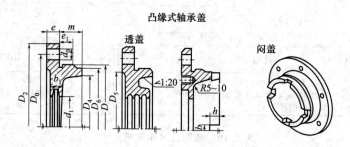

凸缘式轴承盖

$d_0 = d_3 + 1$	$D_4 = D - (10\sim15)$	轴承外径 D	螺钉直径 d_3	螺钉数/个
$D_0 = D + 2.5d_3$	$D_5 = D_0 - 3d_3$	45~65	6	4
$D_2 = D_0 + 2.5d_3$	$D_6 = D - (2\sim4)$	70~100	8	4
$e = 1.2d_3$	b_1, d_1 由密封件尺寸确定	110~140	10	6
$e_1 \ge e$	$b = 5\sim10$	150~230	12~16	6
m 由结构确定	$h = (0.8\sim1)b$			

表 E-21 C 级六角头螺栓（摘自 GB/T 5780—2016）和全螺纹六角头螺栓（摘自 GB/T 5781—2016）

mm

标记示例：

螺纹规格 $d=M12$、公称长度 $l=80$ mm，性能等级为 4.8 级、不经表面处理、C 级六角头螺栓，标记为

螺栓 GB/T 5780 M12×80

螺纹规格 d (8g)		M5	M6	M8	M10	M12	(M14)	M16	(M18)	M20	(M22)	M24	(M27)
b	$l\leqslant125$	16	18	22	26	30	34	38	42	46	50	54	60
	$125<l\leqslant200$	22	24	28	32	36	40	44	48	52	56	60	66
	$l>200$	35	37	41	45	49	53	57	61	65	69	73	79
a	max	2.4	3	4	4.5	5.3	6	6	7.5	7.5	7.5	9	9
e	min	8.63	10.89	14.2	17.59	19.85	22.78	26.17	29.56	32.95	37.29	39.55	45.2
K（公称）		3.5	4	5.3	6.4	7.5	8.8	10	11.5	12.5	14	15	17
s	max	8	10	13	16	18	21	24	27	30	34	36	41
	min	7.64	9.64	12.57	15.57	17.57	20.16	23.16	26.16	29.16	33	35	40
l①	GB/T 5780	25~50	30~60	40~80	45~100	55~120	60~140	65~160	80~180	90~200	90~220	100~240	110~260
	GB/T 5781	10~50	12~60	16~80	20~100	25~120	30~140	30~160	35~180	40~200	45~220	50~240	55~280
性能等级	钢	4.6、4.8											
表面处理	钢	1）不经处理；2）电镀；3）非电解锌片涂层											

螺纹规格 d (8g)		M30	(M33)	M36	(M39)	M42	(M45)	M48	(M52)	M56	(M60)	M64
b	$l\leqslant125$	66	72	78	84	90	96	102	110	118	126	134
	$125<l\leqslant200$	72	78	84	90	96	102	108	116	124	132	140
	$l>200$	85	91	97	103	109	115	121	129	137	145	153
a	max	10.5	10.5	12	12	13.5	13.5	15	15	16.5	16.5	18
e	min	50.85	55.37	60.79	66.44	72.02	76.95	82.6	88.25	93.56	99.21	104.86
K（公称）		18.7	21	22.5	25	26	28	30	33	35	38	40
s	max	46	50	55	60	65	70	75	80	85	90	95
	min	45	49	53.8	58.8	63.8	68.1	73.1	78.1	82.8	87.8	92.8
l①	GB/T 5780	120~300	130~320	140~360	150~400	180~420	180~440	200~480	200~500	240~500	240~500	260~500
	GB/T 5781	60~300	65~360	70~360	80~400	80~420	90~440	100~480	100~500	110~500	120~500	120~500
性能等级	钢	4.6、4.8										
表面处理	钢	1）不经处理；2）电镀；3）非电解锌片涂层										

按协议

① 长度系列（单位为 mm）：10、12、16、20~70（5 进位）、70~150（10 进位）、180~500（20 进位）。

注：尽可能不采用括号内的规格。

表 E-22 C 级 I 型六角螺母（摘自 GB/T 41—2016）

mm

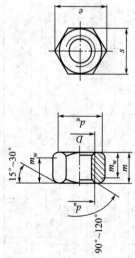

标记示例：

螺纹规格为 M12，性能等级为 5 级，不经表面处理，C 级的 I 型六角螺母，标记为

螺母　GB/T 41　M12

螺纹规格 D(7H)	M5	M6	M8	M10	M12	(M14)	M16	(M18)	M20	(M22)	M24	(M27)
e min	8.63	10.89	14.20	17.59	19.85	22.78	26.17	29.56	32.95	37.29	39.55	45.2
s max	8	10	13	16	18	21	24	27	30	34	36	41
s min	7.64	9.64	12.57	15.57	17.57	20.16	23.16	26.16	29.16	33	35	40
m max	5.6	6.4	7.90	9.50	12.20	13.90	15.90	16.90	19.00	20.20	22.30	24.70
性能等级 钢	5											
表面处理 钢	①不经处理；②电镀；③非电解锌片涂层；④热浸镀锌层；⑤由供需协议											

螺纹规格 D(7H)	M30	(M33)	M36	(M39)	M42	(M45)	M48	(M52)	M56	(M60)	M64
e min	50.85	55.37	60.79	66.44	71.30	76.95	82.6	88.25	93.56	99.21	104.86
s max	46	50	55	60	65	70	75	80	85	90	95
s min	45	49	53.8	58.8	63.1	68.1	73.1	78.1	82.8	87.8	92.8
m max	26.40	29.50	31.90	34.30	34.90	36.90	38.90	42.90	45.90	48.90	52.40
性能等级 钢	按协议										
表面处理 钢	1)不经处理；2)电镀；3)非电解锌片涂层；4)热浸镀锌层；5)由供需协议										

注：尽可能不采用括号内的规格。

表 E-23　圆螺母（摘自 GB/T 812—1988）

mm

图示标注：⊥ δ A；C×45°；30°；120°；D；m；C_1；p_1；t；n；d_k；d_1

D≤100×2 槽数4　D≥M105×2 槽数6

$\sqrt{Ra3.2}$　$\sqrt{Ra6.3}$　$(\sqrt{\ })$

螺纹规格 D×P	d_k	d_1	m	n max	n min	t max	t min	C	C_1
M10×1	22	16							
M12×1.25	25	19						0.5	
M14×1.5	28	20							
M16×1.5	30	22		4.3	4	2.6	2		
M18×1.5	32	24	8					0.5	
M20×1.5	35	27							
M22×1.5	38	30							
M24×1.5	42	34							
M25×1.5①	42	34							
M27×1.5	45	37							
M30×1.5	48	40		5.3	5	3.1	2.5	1	0.5
M33×1.5	52	43							
M35×1.5①	52	43							
M36×1.5	55	46	10						
M39×1.5	58	49							
M40×1.5①	58	49		6.3	6	3.6	3		
M42×1.5	62	53							
M45×1.5	68	59						1.5	
M48×1.5	72	61							
M50×1.5①	72	61	12						
M52×1.5	78	67		8.36	8	4.25	3.5		1
M55×2	85	74							
M56×2	85	74							
M60×2	90	79							
M64×2	95	84							
M65×2①	95	84							
M68×2	100	88	12	8.36	8	4.25	3.5		
M72×2	105	93							
M75×2①	105	93							
M76×2	110	98							
M80×2	115	103	15			4.75	4		
M85×2	120	108		10.36	10				
M90×2	125	112							
M95×2	130	117							
M100×2	135	122	18						
M105×2	140	127		12.43	12	5.75	5	1.5	
M110×2	150	135							
M115×2	155	140							
M120×2	160	145	22						1
M125×2	165	150		14.43	14				
M130×2	170	155				6.75	6		
M140×2	180	165							
M150×2	200	180	26						
M160×3	210	190							
M170×3	220	200							
M180×3	230	210	30	16.43	16	7.9	7	2	
M190×3	240	220							1.5
M200×3	250	230							

① 仅用于滚动轴承锁紧装置。

参 考 文 献

[1] 赵军,张有忱,段成红. 化工设备机械基础.3 版. 北京:化学工业出版社,2016.

[2] 赵惠清,杨静,蔡纪宁. 化工制图.3 版. 北京:化学工业出版社,2019.

[3] 匡国柱,史启才. 化工单元过程及设备课程设计.2 版. 北京:化学工业出版社,2008.

[4] 陈志平,章序文,林兴华. 搅拌与混合设备设计选用手册. 北京:化学工业出版社,2004.

[5] 王凯,虞军. 搅拌设备. 北京:化学工业出版社,2003.

[6] 路秀林,王者相. 塔设备. 北京:化学工业出版社,2004.

[7] 匡国柱,史启才. 化工单元过程及设备课程设计. 北京:化学工业出版,2002.

[8] 董大勤,袁凤隐. 压力容器与化工设备实用手册下册. 北京:化学工业出版社,2000.

[9] SH 3098—2011 石油化工塔器设计规范.

[10] NB/T 47041—2014 塔式容器.

[11] HG/T 20569—2013 机械搅拌设备.

[12] GB/T 150—2011 压力容器.

[13] HG/T 21563~21572—1995,HG/T 21537.7~8—1992 搅拌传动装置.

[14] HG/T 20668—2009 化工设备设计文件编制规定.

[15] HG 20652—1998 塔器设计技术规定.

[16] 闻邦春.机械设计手册.6 版.北京:机械工业出版社,2017.